信息时代数字媒体专业系列教材

数字媒体技术概论

Introduction to Digital Media Technology

陈　洪　李　娜　王新蕊　郭　鑫　著

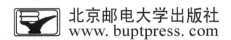北京邮电大学出版社
www.buptpress.com

内 容 简 介

本书系统地论述了数字媒体技术所涉及的研究内容、关键技术、应用领域和发展趋势，使读者能够全面了解数字媒体技术的基本知识。本书分为两部分，第一部分主要包括数字音频处理技术、数字图像处理技术、计算机图形技术、数字媒体信息输入输出和存储技术、数字媒体传播技术、数字媒体数据库、信息检索及安全等；第二部分重点介绍计算机动画、数字影视、数字游戏。书中介绍了数字媒体技术相关内容，还涉及数字媒体技术的应用和创作理论。在教学中，教师可以将现有的实际应用与本书基础知识相结合，进一步激发学生兴趣和学习动力。

本书是作为数字媒体技术的基础教材而编写，不仅可以作为高等院校数字媒体技术、数字媒体艺术设计的本科生教材，也可供从事数字媒体技术研究、开发和应用的工程技术人员及数字媒体产业的从业人员等学习参考。

图书在版编目（CIP）数据

数字媒体技术概论 / 陈洪等著. -- 北京：北京邮电大学出版社，2015.8（2024.8 重印）
ISBN 978-7-5635-4302-1

Ⅰ. ①数… Ⅱ. ①陈… Ⅲ. ①数字技术－多媒体技术－教材 Ⅳ. ①TP37

中国版本图书馆 CIP 数据核字（2015）第 037276 号

书　　　　名：	数字媒体技术概论
著作责任者：	陈　洪　李　娜　王新蕊　郭　鑫　著
责 任 编 辑：	何芯逸
出 版 发 行：	北京邮电大学出版社
社　　　址：	北京市海淀区西土城路 10 号（邮编：100876）
发 行 部：	电话：010-62282185　传真：010-62283578
E-mail：	publish@bupt.edu.cn
经　　　销：	各地新华书店
印　　　刷：	北京虎彩文化传播有限公司
开　　　本：	787 mm×1 092 mm　1/16
印　　　张：	10.5
字　　　数：	244 千字
版　　　次：	2015 年 8 月第 1 版　2024 年 8 月第 8 次印刷

ISBN 978-7-5635-4302-1　　　　　　　　　　　　　　　定　价：28.00 元

· 如有印装质量问题，请与北京邮电大学出版社发行部联系 ·

前　言

　　以数字技术、网络技术与文化产业相融合而产生的数字媒体产业,正在世界各地高速成长,被誉为经济发展的新引擎。数字媒体产业具有高技术含量、高人力资本含量和高附加值等特点,要发展具有竞争力的数字媒体产业,必须要有数字媒体技术的支撑和引领。

　　数字媒体技术是通过现代计算和通信手段,综合处理文字、声音、图形、图像等信息,使抽象的信息变成可感知、可管理和可交互的一种技术,其主要是研究与数字信息相关的处理、存储、管理、传输、安全等相关理论、方法、技术、系统与应用。数字媒体技术是一种新兴和综合的技术,涉及和综合了许多学科和研究领域的理论、知识、技术和成果,广泛应用于信息通信、影视创作与制作、计算机动画、游戏娱乐、教育、医疗、建筑等各个方面,有着巨大的经济增值潜力。

　　本书是数字媒体技术的基础教材,目的是让读者能够全面而系统地了解数字媒体技术所涉及的研究内容、研究领域和数字媒体技术的发展趋势,理解数字媒体技术的相关概念、原理、方法、系统和应用方面的知识。书中就数字媒体技术中基础技术及标准化、内容创作和生成、服务技术等进行了较全面的论述与讨论,重点在于概念的解释、原理的讲解和技术的应用等方面,力图使读者易于全面了解和正确理解数字媒体技术的基本知识。

　　本书由两大部分组成,共分为10章。

　　第1章主要介绍和讨论数字媒体技术的基本概念、研究内容和关键技术,以及这些技术在数字影视、数字动画、数字游戏中的应用。

　　第2章从介绍人类听觉的生理特征和模拟音频信号的技术基础着手,介绍了模拟音频数字化、压缩技术和三维音频技术。最后介绍了语音合成和语音识别等数字语音处理技术。

　　第3章从人类视觉系统的特性和色彩模型开始,介绍了数字图像的基本属性、种类和相关技术。从图像冗余性分析着手,重点介绍经典图像压缩编码方法和现代图像压缩编码方法。最后,讨论了图像识别技术的基本原理与方法。

　　第4章以计算机图形绘制过程为主线,简要介绍了基本图元属性与生成、图形变换与观察、视觉外观、纹理贴图、对象表示以及基于图像的绘制等方面的相关概念与方法。

　　第5章重点介绍和讨论了数字媒体信息的输入与输出技术的相关原理、技术与设备,主要包括数字摄像机、扫描仪、数字化仪等主流的数字媒体信息获取设备。

　　第6章从数字媒体传播系统模型和传播方式的讨论开始,首先介绍了计算机网络技术的相关概念、原理与方法;最后重点对流媒体技术进行了讨论。

　　第7章介绍了数字媒体信息检索技术与方法,重点讨论了基于内容的数字媒体检索原理与体系结构,并分别介绍了基于内容的图像检索、视频检索和音频检索的相关原理与方法;最后讨论了数字信息安全要素与解决方法。

第8章介绍了计算机动画的基本概念,讨论了计算机动画的基本类型和系统组成。重点介绍了关键帧动画、变形物体动画、过程动画、关节与人体动画、基于物理特征动画等计算机动画生成的关键技术,以及动画制作、合成和表演动画等计算机动画制作的关键技术。

第9章主要介绍和讨论了影视领域的数字媒体技术的应用,主要包括:技术标准、放映技术、加密技术、高清技术、数字视音频节目制作技术,以及数字影视特技效果和特殊拍摄等数字特效技术。

第10章主要介绍了包括视频游戏、手机游戏、网络游戏等数字游戏所应用的数字媒体关键技术。重点介绍了视频游戏的硬件平台技术,手机游戏的软件平台技术,以及游戏引擎技术和游戏网络技术等。

本书适合作为高等院校数字媒体技术、数字媒体技术应用、数字媒体设计等专业的本科生教材,也可作为各类高等院校师生、数字媒体行业工程技术人员以及数字媒体从业人员的重要参考书。

本书虽然尽可能地考虑到数字媒体技术与应用的发展和特点,以及所涉及的基本知识,具有一定的先进性和系统性,但由于数字媒体技术发展迅速,涉及范围广泛,加之编者水平有限,书中的不足之处敬请各位读者批评指正。

目　　录

第 1 章
数字媒体技术概论

数字媒体是将信息传播技术应用到文化、艺术、商业、教育和管理领域的科学与艺术高度融合的综合交叉学科,已成为信息社会中最新、最广泛的信息载体,几乎渗透到人们生活与工作的方方面面。它以二进制的形式记录、处理、传播、获取过程的信息载体,这些载体包括数字化的文字、图形、图像、声音、视频影像和动画等感觉媒体,用电子信息表示这些感觉媒体的逻辑媒体,以及存储、传输、显示逻辑媒体的实物媒体。

数字媒体技术是一门综合计算机技术、通信技术、视听技术和信息技术成果的技术,是信息社会发展的一个新方向。涉及的关键技术及内容主要包括数字信息的获取与输出技术、数字信息存储技术、数字信息处理技术、数字传播技术、数字信息管理与安全等。同时包括在这些关键技术基础上综合的技术,例如:基于数字传输技术和数字压缩处理技术的流媒体技术,基于计算机图形技术的计算机动画技术,以及基于人机交互、计算机图形和显示等技术的虚拟现实技术等。

本章先引入数字媒体技术的有关基本概念,然后介绍数字媒体技术的研究内容、关键技术和应用。

1.1 数字媒体技术的基本概念

1.1.1 数字媒体技术的定义

媒体在计算机中有两种含义:一是指用于存储信息的实体,如纸张、磁盘、光盘等;二是指信息载体,如文本、声音、图像、图形、动画等。此外,用于传播信息的电缆、电磁波等则称为"媒介"。

数字媒体技术是指计算机综合处理多种媒体信息,在文字、图像、图形、动画、音频、视频等多种信息之间建立逻辑关系,并将数字媒体设备集成为一个具有人机交互性能的应用系统的技术。由此可见,数字媒体技术涉及媒介和媒体两种形式。在现代数字媒体技术领域中,人们侧重于谈论光盘、磁盘等承载信息的媒体形式,而把传输信息的媒介作为必要的硬件条件。

现代数字媒体技术涉及的对象主要是计算机技术的产物。随着数字媒体技术的发展,计算机所能处理的媒体种类不断增加,功能也不断完善。

1

1.1.2　数字媒体技术的特征

数字媒体技术是计算机综合处理声音、文字、图像、视频信息的技术,综合性表现为以下三个特征:多样性、交互性、集成性。这是区别于传统计算机系统的特征。

1. 多样性

多样性一方面是指信息的多样性。人类对于信息的接收和产生主要在 5 个感觉空间,即视觉、听觉、触觉、嗅觉和味觉,其中前三者占了 95% 以上的信息量,借助于这些多感觉形式的信息交流,使人们对信息处理达到了得心应手的地步。多样性的另一方面是指处理方式的多样性。数字媒体计算机在处理输入的信息时,根据人的构思、创意来对信息进行变换、组合和加工处理,极大地丰富和增强了信息的表现力,达到更生动、活泼和自然的效果。这些创作和综合不仅包括对信息数据的处理,而且包括对设备、工具和网络多种要素的重组和综合,目的都是为了更好地组织、处理信息,从而更全面、生动、多角度地表现信息。

2. 交互性

交互性是指用户和设备之间的双向沟通。人们使用键盘、鼠标、触摸屏、话筒等多种设备与计算机进行交互,这种新的交互方式为用户提供更加有效地控制和处理信息的手段,使人们可以改变信息的组织过程,增强信息的理解,从而获得更多的信息,形成一种全新的信息传播方式。

3. 集成性

数字媒体系统的集成性主要表现在两个方面:一是指存储信息的实体集成,即设备由视频、音频等多种输入/输出设备组成;二是指信息载体集成,即文本、图像、动画、声音、视频等多种媒体的集成。数字媒体系统将不同性质的设备和信息集成为一个整体,并以计算机为中心处理多种信息,从而达到信息表现的多样化和生动化。

1.1.3　数字媒体技术的分类

数字媒体以多种形式展示给用户,主要的表示方式有以下三种:视觉类媒体、听觉类媒体和触觉类媒体。

1. 视觉类媒体

(1) 文本

文本(Text)是计算机文字处理程序的基础,通过对文本显示方式的组织,多媒体应用系统可以使显示的信息更易于理解。

(2) 图形

图形(Graphic)指用计算机绘制的图画,如直线、圆、圆弧、矩形等。图形的格式是一组描述点、线、面等描述图形大小、形状、位置、维数的指令集合。

(3) 图像

图像(Image)是指由输入设备捕捉的实际场景画面,或以数字化形式存储的任意画面。静止的图像是一个矩阵,由一些排成行列的点组成,这些点称为像素点(Pixel),这种图像称为位图。图像文件在计算机中存储格式多种多样,如 BMP、PCX、TIF、TGA、GIF等,一般数据率较大,它可以表示真实的图片,也能表现复杂绘图的某些细节,具有灵活和富于创造力等特点。

（4）视频

视频(Video)又称动态图像,是由一幅幅单独的画面序列——帧(Frame)组成。这些画面以一定的速率连续地投射在屏幕上,使观察者具有图像连续运动的感觉。视频文件的格式有 AVI、MPG、MOV 等。

（5）动画

动画(Animation)是动态图像的一种,实质是一幅幅静态图像的连续播放。动画的连续播放既指时间上的连续,也指图像内容上的连续。

2. 听觉类媒体

多媒体计算机中的声音分为三类:语音、音乐和效果声。其中效果声包括由大自然物理现象产生的声音,如风声、雨声、雷声等,以及由人工合成产生的声音,如枪炮声、爆炸声等。

3. 触觉类媒体

皮肤可以感觉环境的温度、湿度,也可以感觉压力,身体可以感觉振动、运动、旋转等,这些都是触觉在起作用。通过特殊的设备和技术完成对身体的数字化感知,从而将它们与系统的控制盒应用结合起来,即为触觉类媒体,包括:指点设备与技术、位置跟踪、力反馈与运动反馈设备与技术。

1.2　数字媒体技术的研究内容及关键技术

数字媒体的迅速发展与视频和音频等媒体的压缩/解压缩技术、输入/输出设备、存储设备、系统软件等诸多技术密不可分。

1.2.1　数字音频处理技术

数字音频是一种使用数字化手段对声音进行录制、存放、编辑、压缩或播放的技术,它是随着数字信号处理技术、计算机技术、多媒体技术的发展而形成的一种全新的声音处理手段。音频信号携带的信息大体上可分为语音、音乐和音效三类,处理大致经过采样、量化、编码、压缩这几个步骤。数字化的音频信号被要求进行快速传输和处理,因此,数字音频信号的编码和压缩算法成为一个重要的研究课题。目前,主要采用的编码方式有波形编码、参数编码、混合编码三种。

波形编码是基于语音信号波形的数字化处理,试图使处理后重建的语音信号波形与原语音信号波形保持一致。常见的波形压缩编码方法有:脉冲编码调制(PCM)、增量调制编码(DM)、差值脉冲编码调制(DPCM)、子带编码(SBC)和矢量化编码(VQ)等。

参数编码指从信号中提取生成语音的参数,使用这些参数通过模型重构出语音,使重构后的语音信号尽可能地保持原始语音信号。在发送端提取各个特征量并对这些参量进行量化编码,以实现语音信号的数字化。参数编码的典型代表是线性预测编码(LPC)。

混合编码将波形编码和参量编码结合起来,力图保持波形编码语音的高质量与参量编码的低速率。采用混合编码的编码器有:多脉冲激励线性预测编码器(MPE-LPC)、规则脉冲激励线性预测编码器(RPE-LPC)、码激励线性预测编码器(CELP)、矢量和激励线性预测编码器(VSELP)和多带激励线性预测编码器。

音频信号的压缩编码主要包括 ITU 制定的 G.7XX 系列和 ISO/IEC 制定的 MPEG-X 系列标准。其中,采用波形编码的编码标准有 G.711 标准、G.721 标准和 G.722 标准。而采用混合编码方法的编码标准有 G.728 标准、G.729 标准和 G.723.1 标准。MPEG-1 Audio 压缩算法是世界上第一个高保真声音数据压缩国际标准,得到了极其广泛的应用。声音压缩标准只是 MPEG 标准的一部分,但可以独立使用。

1.2.2　数字图像处理技术

数字图像处理(Digital Image Processing)是通过计算机对图像进行去除噪声、增强、复原、分割、提取特征等处理的方法和技术。一般来讲,对图像进行处理的主要目的有三个方面。

- 提高图像的视感质量,如进行图像的亮度、彩色变换,增强、抑制某些成分,对图像进行几何变换等,以改善图像的质量。
- 提取图像中包含的某些特征或特殊信息,这些被提取的特征或信息往往为计算机分析图像提供便利。提取特征或信息的过程是模式识别或计算机视觉的预处理。提取的特征可以包括很多方面,如频域特征、灰度或颜色特征、边界特征、区域特征、纹理特征、形状特征、拓扑特征和关系结构等。
- 图像数据的变换、编码和压缩,以便于图像的存储和传输。

数字图像处理常用方法有以下几个方面:图像变换、图像编码压缩、图像增强和复原、图像分割、图像描述和图像识别几个方面。

目前比较流行的图像格式包括光栅图像格式 BMP、GIF、JPEG、PNG 等,以及矢量图像格式 WMF、SVG 等。

1.2.3　计算机图形技术

计算机图形学(Computer Graphics,CG)是一种使用数学算法将二维或三维图形转化为计算机显示器栅格形式的科学。简单来说,计算机图形学的主要研究内容就是研究如何在计算机中表示图形,并利用计算机进行图形的计算、处理和显示的相关原理与算法。图形通常由点、线、面、体等集合元素和灰度、色彩、线性、线宽等非集合属性组成。从处理技术上来看,图形主要分为两类:一类是基于线条信息表示,如工程图、等高线地图、曲面的线框图等,另外一类是明暗图,即真实感图形。

计算机图形学的研究内容非常广泛,如图形硬件、图形标准、图形交互技术、光栅图形生成算法、曲线曲面造型、实体造型、真实感图形计算与显示算法、非真实感绘制,以及科学计算可视化、计算机动画、自然景物仿真、虚拟现实等。

1.2.4　数字媒体信息输入/输出技术

数字媒体输入/输出技术包括数字媒体变换技术、数字媒体识别技术和数字媒体综合技术。数字媒体变换技术指改变媒体的表现形式,如视频卡、声卡都属于数字媒体变换设备。数字媒体识别技术指对信息进行一对一的映像过程,如语音识别技术和触摸屏技术等。数字媒体综合技术是把低维信息表示映像成高维模式空间的过程。

1.2.5　数字媒体传播技术

在数字媒体传播中,信息按比特存放在数字仓库中,传播者和接收者之间能进行实时通信和交换。数字化传播中点对点和点对面传播模式的共存,一方面可以使大众传播的覆盖面越来越大,另一方面可以越来越小,直至面向个人传播。

随着网络技术的发展,传播的形式逐渐多样化,数字广播、数字电视、网络电视、移动电视、互联网络等均成为媒体传播的途径。

1.2.6　数字媒体内容检索与安全

随着数字媒体计算机技术的迅猛发展,网络传输速度的提高,有效的图像/视频压缩技术的不断出现,基于内容的数字媒体信息检索应运而生。基于内容检索是从媒体数据中提取出特定的信息线索,根据这些线索从大量媒体中查找、检索出具有相似特征的媒体数据出来。数字媒体数据的"内容"表示数字媒体信息的含义、要旨、主题、性质、物理细节等。

数字媒体内容概念包括以下多个层次。

- 概念级内容:对象的语义表达,如利用文本描述,通过分类和目录来组织层次浏览,用链接组织上下文关联。
- 感知特性:视觉特性,如颜色、视觉对象、纹理、草图、形状、体积、空间关系等,听觉特性如音调、音色、音质等。
- 逻辑关系:音视频对象的时间和空间关系,语义和上下文关联等。
- 信号特征:通过信号处理方法获取的媒体特征。
- 特指特征:与应用相关的媒体特征。如人的体型特征、面部特征、指纹特征等。

数字媒体内容的处理(见图 1-1)可分为三大部分:内容获取、内容描述和内容操纵。首先对原始媒体进行处理并提取内容,然后用标准形式描述所提取的内容,以支持各种内容的查询、检索、索引等操纵。

1. 内容获取

内容获取是通过对各种内容的分析和处理获得媒体内容的过程。数字媒体数据的重要成分是空间和时间结构,首先必须分割出图像对象、视频的时间结构、运动对象以及这些对象之间的关系,然后提取显著的区别特征来表示媒体和媒体对象的特征。

2. 内容描述

内容描述是针对获取的内容进行描述。为了支持数据管理的灵活性、数据资源的全球化和互操作性,描述必须基于一定的标准。MPEG-7 标准被称为"多媒体内容描述接口",主要采用描述和描述模式来分别描述媒体的特征及其关系。

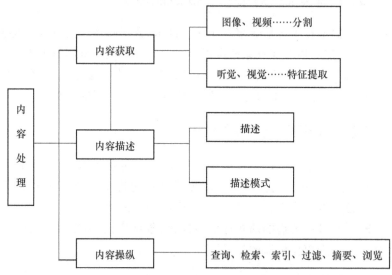

图 1-1　数字媒体内容处理

3. 内容操纵

内容操纵是针对内容的用户操纵和应用。数字媒体安全包含两个方面：一是数据本身的安全，二是数据防护的安全。一般常采用的安全措施包括：标签、检测、指纹、水印、密码、散列、加扰。由于数字媒体具有数据量比较大、加密效率低、存储格式限制，允许一定的图像失真度等特点，所以在设计合适的数字媒体加密方法方面，需要对效率和安全进行权衡。

1.3　数字媒体技术的应用

随着数字媒体技术的不断发展，数字媒体技术的应用也越来越广泛。数字媒体技术涉及文字、图形、图像、声音、音频、网络通信等多个领域。数字媒体技术的标准化、集成化以及数字媒体软件技术的发展，使信息的接收、处理和传输更方便快捷。目前人们生活中与数字媒体相关的应用主要有以下几个领域。

1. 电子出版领域

电子出版物是指以数字代码方式将图、文、声、像等信息存储在磁、光、电介质上，通过计算机或类似设备阅读使用，并可复制发行的大众传播媒体。电子出版物可以将文字、声音、图像、动画、影像等种类繁多的信息集成为一体，存储密度非常高，这是纸质印刷品所不能比拟的。

电子出版物的出版形式主要有电子网络出版和单行电子书刊两大类。电子网络出版是以数据库和通信网络为基础的一种新的出版形式，通过计算机向用户提供网络联机服务、电子报刊、电子邮件以及影视作品等服务，信息的传播速度快、更新快。单行电子书刊主要以只读光盘、交互式光盘、集成卡等为载体，容量大、成本低是其突出特点。

2. 教育领域

数字媒体计算机辅助教学已经在教育教学中得到广泛的应用。数字媒体教材通过图、文、声、像的有机结合,能多角度、多侧面地展示教学内容。同时利用计算机存储容量大、显示速度快等特点,快速展现和处理教学信息,拓展教学信息的来源,扩大教学容量。

3. 娱乐领域

随着数字媒体技术的日渐成熟,数字媒体系统已大量进入娱乐领域。动画、影视、游戏不仅具有很强的交互性,而且人物造型逼真、情节引人入胜,使人很容易进入游戏场景,身临其境。

思考和练习

1. 数字媒体技术研究的主要内容有哪些?

2. 数字媒体技术的特点有哪些? 与传统的电视相比,数字媒体有哪些新的表现形式和优势?

第 2 章
数字音频处理技术

音频（Audio）即声音或声波，包括音乐、语音和各种音响效果。声音是多媒体中最容易被人感知的成分。数字音频是一种使用数字化手段对声音进行录制、存放、编辑、压缩或播放的技术，它是随着数字信号处理技术、计算机技术、多媒体技术的发展而形成的一种全新的声音处理手段。音频信号可分为两类：语音信号和非语音信号。非语音信号又可分为音乐和杂音，它的特点是不具有复杂的语音和语法信息，信息量低，识别简单。

随着数字媒体技术的发展，数字音频处理技术得到高度重视，数字音频作为单一媒体形式，同时也与其他媒体构成多媒体形式，对提升和丰富数字媒体内容起着举足轻重的作用，并得到了广泛的应用。

2.1　数字音频基础

数字音频是指用一连串二进制数据来保存的声音信号。这种声音信号在存储、电路传输和处理的过程中，不再是连续的信号，而是离散的。由于数字电路的设计和制造成本低、可靠性高，使用计算机进行数据处理，能够产生更多、更有吸引力的效果。

2.1.1　声音的物理基础

物理学上，声音被看成一种波动的能量，即声波，一般用三个基本特性来描述声音，即频率、振幅和波形。在生理学上，声音是指声波作用于听觉器官所引起的一种主观感觉，如响度、音调、音色和音长等。尽管这两个关于声音的理解含义有所不同，但它们之间有一定的内在联系。物理学上声音的三个基本特征：频率、振幅和波形，对应到人耳的主观感觉就是音调、响度和音色。

频率：发声物体在振动时，单位时间内的振动次数，单位时间为赫兹（Hz）。

振幅：发声物体在振动时偏离中心位置的幅度，代表发声物体振动时动/势能的大小。振幅是由物体振动时产生声音的能量或声波压力的大小所决定的。声能或声压愈大，引起人耳主观感觉到的响度也愈大。

音色：声音的纯度，由声波的波形形状所决定，即使某种声音它们的振动和频率都一样，也就是它们的音调高低、声音强弱都相同，但它们的波形不一样，听起来就会有明显的区别。

按照人耳可听到的频率范围,声音可分为超声、次声和正常声。人耳可感受声音频率的范围介于 20～20 000 Hz 间。声音高于 20 000 Hz 为超声波,低于 20 Hz 为次声波。人耳对不同频率的声音敏感程度不同,中频段(3～5 kHz)最敏感,幅度很低的信号都能被人耳听到,低频区和高频区较不敏感。

2.1.2　音频的数字化

在实际声音录制过程中,声波通过麦克风,使空气分子的振动转变为电信号的波动。录音磁头的电磁铁根据通过电流的大小产生大小不同的磁场,磁场的变化情况会相应地记录在磁带上,这样便完成录音过程。播放时,放音磁头读出印记在磁带上的磁场大小变化情况,并转变为相应的电信号。最后,这些转换后的模拟信号传送至放大器和扬声器,电信号重新转变为声音,即空气分子的振动。计算机中广泛应用的数字化声音文件有两类:一类是采集各种原始声音,经过数字化处理后得到的数字文件(也称为波形文件);还有一类是专门用于记录乐器声音的 MIDI 文件。

声音的数字化处理就是将模拟的(连续的)声音波形数字化(离散化),包括采样、量化和编码三个过程。

1. 采样

采样是每间隔一段时间读一次声音信号的幅度值,即在时间上对模拟信号进行离散。采样频率是每秒钟所抽取声波幅度值样本的次数,单位为 kHz。采样频率的倒数是两相邻采样点之间的时间间隔,称之为采样周期。一般而言,采样的次数越多,采样越密集,获得的音频就越接近原始声音的真实面貌,但存储音频的数据量越大。

采样频率的高低是由奈奎斯特取样定理和声音信号本身的最高频率决定的。即当以信号最高频率的两倍频率对该信号进行取样时,就不会造成信号的信息丢失。正常人耳可听频率范围约为 20 Hz～20 kHz,因此,理论上为了保证声音不失真,采样频率应在 40 kHz 左右。在实际应用中,考虑到滤波器件非理想化的滤波性能,需要引入几千赫兹的保护带宽作为过渡。为了求得更好的音质,也需要提高采样频率。根据不同的应用,应在采样频率与音质之间作相应的选择,常用的采样频率有 11.025 kHz(语音效果),22.05 kHz(音乐效果),44.1 kHz(高保真效果,如 CD 唱盘)。

2. 量化

量化是将信号的连续取值近似为有限多个(或较少的)离散值的过程,具体过程就是先将整个幅度划分为有限个小幅度(量化间隔)的集合,把落入某个量化间隔内的样值都只表示成一个对应的电平值,如:8 位量化位数表示每个采样值可以用 2^8,即 256 个不同的量化值之一来表示。量化值与实际值是有误差的。显然,电平间隔越多,误差相应就越小,但生成的数字信号的数据量也越大。常用的量化位数为 8 位、12 位、16 位。

量化有很多方法,但可以归纳为两类:一类被称为线性量化,另一类被称为非线性量化。采用的量化方法不同,量化后的数据量也不同,因此,可以说量化也是一种压缩数据的方法。

线性量化是采用相等的量化间隔对取样得到的信号进行均匀量化,为减小输入信号的量化误差,只有缩小量化间隔,即增加量化间隔数。非线性量化是采用非均匀的量化间隔,对大的输入信号采用大的量化间隔,小的输入信号采用小的量化间隔,这样就可以在满足精度要求的情况下减少量化间隔数。

3．编码

把量化后的整数值用二进制数来表示,例如:若分为 123 级,量化值为 $0 \sim 127$,每个样本用 7 个二进制位来编码;若分为 32 级,则每个样本只需要 5 个二进制位来编码。采样频率越高,量化数越多,数字化的信号越能逼近原来的模拟信号,而编码用的二进制位数也就越多。

脉冲编码调制(PCM)是使用最为广泛的音频数字化方法,是将话音等模拟信号每隔一定时间进行采样,使其离散化,同时将抽样值按分层单位四舍五入取整量化,同时将抽样值按一组二进制码来表示抽样脉冲的幅值。

4．矢量量化

矢量量化(Vector Quantization,VQ)是 20 世纪 70 年代后期发展起来的一种数据压缩技术,其基本思想是将若干个标量数据组构成一个矢量,然后在矢量空间进行整体量化,从而压缩数据而损失较少信息。

矢量量化编码是在图像、语音信号编码技术中研究得较多的新型量化编码方法,它的出现并不仅仅是作为量化器设计而提出的,还是将它作为压缩编码方法进行研究。在传统的预测和变换编码中,首先将信号经某种映射变换变成一个数的序列,然后对其一个一个地进行标量量化编码。而在矢量量化编码中,则是把输入数据几个一组地分成许多组,成组地进行量化编码,即将这些数看成一个 k 维矢量,然后以矢量为单位逐个进行量化。矢量量化是一种有限失真编码,其原理仍可用信息论中的率失真函数理论来分析。而率失真理论指出,即使对无记忆信源,矢量量化编码也总是优于标量量化。

矢量量化因为可大大压缩,在中低速语音编码领域得到了广泛应用,如 ITU 的 G.723、G.728、G.729 标准中都采用了矢量量化技术。它的主要缺陷是在编码的过程中,准确来说是在最优码字的搜索中,需要很大的计算量。

2.1.3 立体声和三维音频技术

人们在发声现场聆听到的声音除了具有强度感、声调感外,还有空间感,即人们不仅可以感觉到声音的大小和音调,还可以区别出各个音源的方位,并通过声音的反射特性(混响和回声等)感受到现场的环境结构。人类对声音方面的判别是一个极为复杂的过程,不但涉及声波的物理因素,而且与人类心理因素有着很大的关系。

1．立体声

人们听声音时,可以分辨出声音是由哪个方向传来的,从而大致确定声源的位置。人们之所以能分辨声音的方向,是由于人们有两只耳朵的缘故。例如:在人们的右前方有一个声源,由于右耳离声源较近,声音就首先传到右耳,然后才传到左耳,并且右耳听到的声音比左耳听到的声音稍强些。如果声源发出的声音频率很高,传向左耳的声音有一部分会被头部反射回去,因而左耳就不容易听到这个声音。两只耳朵对声音的感觉的这种微小差别,传到大脑神经中,就使人们能够判断声音是来自右前方。这就是通常所说的"双耳效应"。

一般的录音是单声道的。例如,一场音乐会的录音,从舞台各方面同时传来不同的乐器声音,被一个传声器接收(或被几个传声器接收然后混合在一起),综合成一种音频电流而记录下来。放音时也是由一个扬声器发出声音。人们只能听到各个方向不同乐器的综合声,而不能分辨哪个乐器声音是从哪个方向来的,感觉不到像在音乐厅里面听音乐时的那种立体感和空间感。

如果录音时能够把不同声源的空间位置反映出来,使人们在听录音时,就好像身临其境直接听到各方面的声源发音一样。这种放声系统重放的具有立体感的声音,就是立体声。

与单声道相比,立体声有如下优点:

- 具有各声源的方位感和分布感;
- 提高了信息的清晰度和可懂度;
- 提高节目的临场感、层次感和透明度。

2. 三维音频技术

三维音频(3D audio),也称为虚拟声(virtual acoustics)、双耳音频(binaural audio)、空间声(specialized sound)等,它根据人耳对声音信号的感知特点,使用信号处理方法对声源到两耳之间的传递函数进行模拟,以重建复杂三维虚拟空间声场。三维音频技术具有结构简单、易于实现、重建听觉三维空间真实自然的特点,在许多领域得到了广泛的应用。如 DVD 的声音重放可使用声道系统,其摆放位置如图 2-1 所示。

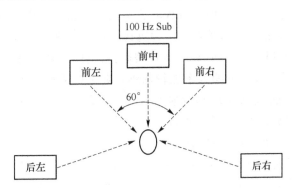

图 2-1　声道三维音频系统示意图

从图 2-1 中可以看到:位于听者前方左右两边各有两个音箱(前左、前右),这两个音箱为主音箱,与双声道立体声系统的 L、R 音箱相同。此外还有,后左、后右两个音箱悬挂于聆听者后上方,四个音箱形成围绕聆听者四周的空间声场,也就是所谓的空间 3D 立体声了。中置音箱的主要作用是提供背景声,一些更高级的系统配置,还要一只专门播放 100 Hz 超低音的音箱(俗称低音炮),而数字电影新标准更是扩展到 16 个声道。目前常见的有 DVD 播放系统(AC-3、DTS)、数字电视节目(AC-3、AAC)以及数字电影放映系统。

2.2　数字音频压缩技术

采用数字音频获取声音文件的方法最突出的问题就是信息量大,音频信号的传输率公式如下:

$$音频信号的传输率＝取样频率×样本的量化比特数×通道数$$

以 CD 为例,其采样率为 44.1 kHz,量化精度为 16 比特,则一分钟的立体声音频信号约占 10 MB 的存储容量,即一张 CD 唱盘的容量只有一小时左右。由此可见,音频编码的目的是压缩数据,通常数据压缩会造成音频质量的下降和计算量的增加。设计声音压缩算法时考虑的因素包括输入声音信号的特点、传输速率及存储容量的限制、对输出重构声音的质量要求以及系统的可实现性机器代价。因此在实施数据压缩时,要在音频质量、数据量、计算复杂度三个方面进行考虑。

2.2.1　数字音频压缩方法分类

一般来讲,可以将音频压缩技术分为无损数据压缩和有损数据压缩两大类。从方法上看,声音信号的编码方式大致可分为三大类:波形编码方法、参数编码方法和混合编码方法。

波形编码直接对音频信号的时域或频域波形按一定速率采样,然后将幅度样本分层量化,变换为数字代码,由波形数据产生一种重构信号。这种方法的编码信息是声音的波形,编码率在 6.4～16 kbit/s 之间,属中宽带编码,重构的声音质量较高。但波形编码易受量化噪声的影响,进一步降低编码率也较困难。典型的波形编码技术有 PCM(脉冲编码调制)、ADPCM(自适应脉冲编码调制)、APC(自适应预测编码)、SBC(子带编码)、ATC(自适应变换编码)。其中,前三种属于时域方式,后两种属于频域方式。波形编码算法简单,易于实现,可获得高质量的语音。

参数编码是使用话音波形信号中提取生成话音的参数,通过话音生成模型重构出话音。音频的声学参数进行编码,可进一步降低数据率。其目标是使重建音频保持原有音频的特性。常用的音频参数有共振峰、线性预测系数和滤波器组等。其优点是数据率低,但还原信号的质量较差,自然度低,而且由于受到话音生成模型的限制,增加数据率对提高合成话音的质量无济于事。但是保密性好,因此这种编译码器一直用在军事上。

混合编码的方法填补了波形编译码和音源编译码之间的差距。为得到音质高而数据率又低的编译码器,一种基于时域合成——分析(Analysis-By-Synthesis, Abs)编译码器得到广泛应用。这种编译码器使用的声道线性预测滤波器模型与线性预测编码(Linear Predictive Coding, LPC)使用的模型相同。在此基础上随后出现的是等间隔脉冲激励(Regular-Pulse Excited, RPE)编译码器、码激励线性预测(Code Excited Linear Predictive, CELP)编译码器和混合激励线性预测(Mixed Excitation Linear Prediction, MELP)等编译码器。

2.2.2　音频压缩编码标准

编码技术发展的一个重要方向就是综合现有的编码技术,制定统一的国际标准,使信息管理系统具有普遍的互操作性和兼容性。国际上对语音信号压缩编码标准多由 ITU 发表,相应的建议为 G 系列,如 G.711、G.721、G.722、G.723、G.728 等。在音频编码标准领域取得巨大成功的是国际标准组织和国际电工委员会(ISO/IEC)制定推荐的 MPEG 标准,即 MPEG-1/-2/-4 等。随着技术的不断进步,原有的立体声形式已不能满足观众对声音节目的欣赏要求,这使得具有更强定位能力和空间效果的三维音频编码技术得到蓬勃发展,在三维音频编码技术中最具代表的就是多声道环绕立体声编码技术。在已经存在的多声道音频编码标准中,Dolby AC-3 和 MPEG 是两个最重要、应用最广泛的音频编码标准。另外,近几年来,AVS 作为我国具有自主知识产权的数字视音频技术标准,也受到越来越多的关注。

1. G.711 编码标准

1972 年首先制定了 G.711 64 KB/s PCM 编码标准。话音的取样率为 8 kHz,允许偏差是 ±50 ppm(parts per million,每百万单位)。每个样值采用 8 位二进制编码,它是将 13 位的 PCM 按 A 律、14 位的 PCM 按 M 律转换成 8 位编码。

2. G.721 编码标准

1984 年公布了 G.721 标准(1986 修订),它采用的是自适应差分脉冲编码调制(ADPCM),数据率为 32 kB/s,适用于 200～3 400 Hz 窄带话音信号,已用于公共电话网。

3. G.722 编码标准

针对宽带语音(54～7 kHz),CCITT 制定了 G.7.22 编码标准,仍采用波形编码技术,既能适用于话音,又能用于其他方式的音频。它的数据率为 64 kB/s,用于综合业务数据网(ISDN)的 B 通道上传输音频数据。它采用了高低两个子带内的 ADPCM 方案,高低子带的划分为 4 kHz 为界。该方案也写成 SB-ADPCM。

4. G.728 编码标准

CCITT 在 1992 年和 1993 年分别公布浮点和定点算法的 G.728 标准,它是在美国 AT&T 公司贝尔实验室 LD-CELP(低延时-码激励线性预测)算法的基础上提出的,话音质量可达 MOS 分 4 分以上。

5. MPEG 中的音频编码

国际标准化组织与国际电工委员会所属 WG11 工作组制定推荐了 MPEG 标准。它规定了高质量的音频编码、存储表示和解码方法。

6. AC-3 编码标准

该编码标准是 DOLBY 实验室于 1992 年开发的数据编码技术。它提供 5 声道从 20 Hz～20 kHz 的全通带频响,即左、右声道,再加上中置和两个独立环绕声声道(LS、RS),另外,它还提供一个 100 Hz 以下的超低音声道,所以又称 5.1 声道。AC-3 将 6 个声道的信息进行数字编码,并压缩成一个通道,而它的比特率仅为 320 kB/s。

2.2.3 数字音频的文件格式

音频文件通常分为两类:声音文件和 MIDI 文件。声音文件指通过声音录入设备进行录制的原始声音,直接记录了真实声音的二进制数据,经抽样量化和编码后得到的数字音频;MIDI 文件是一种音乐演奏指令序列,相当于乐谱,利用声音输出设备或与计算机相连的电子乐器进行演奏,由于不包含声音数据,文件较小。音频文件常用的文件格式有WAV、MP3、AIFF、QuickTime、RA、WMA、MIDI 文件等。

1. WAV 文件

波形(Wave)文件是微软公司开发的一种波形声音文件,扩展名为.wav,记录了对实际声音进行取样的数据,广泛支持 Windows 平台及其应用程序。Wave 格式支持MSADPCM、CCITTA-Law、CCITT 和其他压缩算法,支持多种音频位数、取样频率和声道,是计算机上最为流行的声音文件格式,但其文件尺寸较大,多用于存储简短的声音片断。

2. CD 音频文件

CD 是当今世界上音质最好的音频格式之一,取样频率 44.1 kHz,16 位量化位数,存储立体声。因为 CD 音轨可以说是近似于无损的,所以它的声音基本上是忠于原声的。CD 光盘可以在 CD 唱机中播放,也能用计算机上的各种播放软件来重放。

3. MP1 / MP2 / MP3 文件

MPEG 音频文件格式指 MPEG 标准中的音频部分,即 MPEG 音频层。MPEG 音频文件的压缩是一种有损压缩,根据压缩质量和编码复杂程度的不同可分为三层,分别对应:.MP1、.MP2 和.MP3 这三种声音文件。MPEG 音频编码具有很高的压缩率,MP1 和 MP2的压缩率分别为 4:1 和 6:1~8:1,而 MP3 的压缩率则高达 10:1~12:1,即一分钟 CD音质的音乐,未经压缩需要 10 MB 存储空间,而经过 MP3 压缩编码后只有 1 MB 左右,音质基本保持不失真。因此,MP3 使用最为广泛,特别是利用互联网进行传送。

4. AIFF 文件

AIFF(音频交换文件格式)是苹果计算机公司开发的一种音频交换文件格式,被应用于 Macintosh 平台及其应用程序中,扩展名为.aif,也可用于其他类型的计算机平台。其格式包括交织信道数量信息、取样率和原音频数据。

5. VQF 文件

VQF 是 YAMAHA 公司购买 NTT 公司的技术开发出来的一种接近 CD 音质的音频压缩格式。在相同的情况下压缩后的 VQF 文件量比 MP3 小 30%~50%,更利于网上传送。但由于 VQF 是 YAMAHA 公司的专有格式,受到的支持相当有限,所以影响力不如 MP3。

6. RealAudio 文件

RealAudio 文件是 RealNetworks 公司开发的一种新型流式音频文件格式,现在的

RealAudio 文件格式主要有 . ra（RealAudio）、. rm（RealMedia/RealAudioG2）和 . rmx
（RealAudio Secured）等三种，主要用于在低速率的广域网上实时传输音频信息。网络连
接速率不同，客户端所获得的声音质量也不同。

7. WMA 文件

WMA（Windows Mcdia Audio）格式来自于微软，扩展名为 . wma，音质强于 MP3 格
式，压缩率可以达到 1∶18，也支持流式音频技术，是 RealAudio 文件格式的强劲对手。
它适合在网络上在线播放，更方便的是 Windows 内置该播放器。

8. MIDI 文件

MIDI 音频是计算机产生声音的一种方式，MIDI 文件记录的不是声音本身，而是将
每个音符记录为数字，MIDI 标准规定了各种音调的混音及发音，通过输出装置，可将这
些数字重新合成为音乐，节省空间，扩展名为 . mid（详见 2.3 节）。

2.3　计算机音乐

计算机音乐，或称电脑音乐、数字化音乐，是计算机技术和音乐艺术相融合的产物，其
技术涉及音乐理论、音乐创作、MIDI 制作技术、电子乐器演奏、计算机应用、电子学、音响
学、数字录音技术等多个专业。

电子乐器数字接口（Musical Instrument Digital Interface，MIDI）是用于在音乐合成
器、乐器和计算机之间交换音乐信息的一种国际硬件和软件标准。MIDI 是乐器和计算
机使用的标准语言，是一套指令（即命令）的约定，它指示合成器（MIDI 设备）要做什么，
怎么做，如演奏音符、加大音量、生成音响效果等。

2.3.1　音乐合成

既然 MIDI 是一套指令集合，那么乐音必定是由此指令驱动某种设备发声而来的。
这种设备就称为音乐合成器。合成器主用来生成乐音，其工作原理大置有两类：一类是
FM（频率调制，调频）合成法；一类是波合成法，又称乐音样本合成法。

1. FM 合成

FM 合成法是由美国斯坦福大学教授 John Chowning 于 20 世纪 70 所代发明的，FM
合成方式是将多个频率的简单声音合成复合音来模拟各种乐器的声音。FM 合成器内部
包含有诸多信号发生器、振荡器和运算器等逻辑部件。

2. 波表合成法

此法的主要原理是把各种真正乐器的声音录下来，再进行数字化处理形成波形数据，
然后将各种波形数据存储起来备用。发音时通过查表找到所选乐器的波形数据，然后经
过调制、滤波、再合成等处理进行发声。图 2-2 是波表合成器的工作原理图。

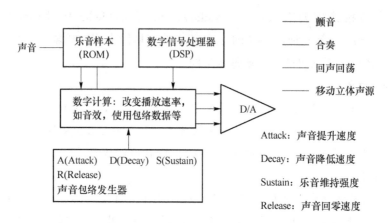

图 2-2　波表合成器的工作原理图

2.3.2　乐器数字接口

MIDI 标准规定了不同厂家的电子乐器与连接的电缆和硬件,还指定了从一个装置传送数据到另一个装置的通信协议。

1. MIDI 的一些术语

- MIDI 文件:存放 MIDI 信息的标准文件格式。MIDI 中包含音符、定时和多达 16 个通道的演奏定义。文件包含每个通道的演奏音符信息,如键、通道号、音乐和力度等。
- MIDI 消息:因为 MIDI 数据是一套音乐符号的定义,而不是实际的音乐声音,所以 MIDI 文件的内容被称为 MIDI 消息。一个 MIDI 消息由状态字节和数据字节组成。
- 通道(Channels):MIDI 可为 16 个通道提供信息,每个逻辑通道可以指定一种乐器。
- MIDI 控制器(MIDI Controller)。
- 音序器(Sequencer):音序器是为 MIDI 作曲而设计的程序或电子装置。
- 复音(Polyphony):是合成器同时合成的最多音符数。
- 合成(Synthesizer):利用数字信号处理器 DSP 或专用芯片来产生音乐或声音的电子装置。MPC 规格定义了两种音乐合成器:基本合成器和扩展合成器。

2. MIDI 技术规范

MIDI 规范始建于 1983 年,是由 MIDI 协会制定的,首先公布了 J MIDI 1.0 版本,后来又进行了补充。它规定合成器、音序器、微机和鼓乐等能通过一个标准的接口连接。每个符合 MIDI 规定的乐器通常包含一个接收器或一个发送器,或二者都有。MIDI 1.0 规范简介如下所示。

- MIDI 数据流是单向异步的数据位流(Bit Stream),速率为 31.25 KB/s,每个字节为 10 位(1 位开始位,8 位数据位和 1 位停止位),脉冲周期 320 μs。
- 通过 5 针 DIN 插座连接。

- 除实时和专用消息外,全部 MIDI 消息是由一个状态字节和一个或两个数据字节组成的,并详细规定了状态字节的格式。

2.3.3　数字音频工作站

数字音频工作站(DAW)是一种集中多种音频处理工具的、以计算机软硬件平台为主的数字音频制作系统,它可代替多轨录音机、调音台、效果器以及合成器等设备,是计算机技术和数字音频技术相结合的产物。它可把众多操作烦琐的音频制作过程集成在通用多媒体计算机上完成,与传统的数字音频制作相比,省去了大量的周边辅助数字音频设备和大量设备的连接、安装与调试,且性能价格比高,操作也较简单。数字音频工作站目前已逐步应用到广播中心的广播节目制作、播出、管理以及系统控制的各个环节,成为广播电台播控中心数字化、网络化的关键设备之一。

数字音频工作站几乎提供了制作广播与影视节目中音频部分所需的全部功能,其主要功能如下所示。

- 具有专业要求的音质录入和声音播放。最低取样频率为 44.1 kHz,16bit 的量化比特数,频响范围达到 20 Hz～20 kHz,动态范围和信噪比都应该接近 90 dB 或更高。
- 录音、放音与合成。与普通制作多声轨节目一样,能够同时播放至少 8 个音轨。录放音时既能听到声音,同时还可看到屏幕上描绘出的彩色信号波形,所有操作更直观。例如:需要补录时,可根据显示波形精确地选择人和出点。
- 先进的剪辑功能。数字音频工作站具有全面、快捷和精细的音频剪辑功能。可准确、细致、快速地对录入的声音素材进行删除、静音、复制、移位、拼接(带淡入淡出)、移调、伸缩等操作。因而编辑工作的质量和效率都很高。
- 数字效果处理。利用数字信号处理器提供的许多处理手段,可实时完成调音、实时均衡、声音压扩、声像移动、电平调整、混响、延时、降噪、变速变调等多种功能,对声音进行时域和频域的处理。

2.4　数字语音处理技术

计算机语音学(Computer Phonetics)就是研究语音处理这一领域的新学科。人们对于计算机语言学的研究主要包括以下几个方面:语音编码(Speech Coding)、语种识别(Language Identification)、说话人识别(Speaker Recognition)或说话人确认(Speaker Verification)等。

2.4.1　语音识别

对于语音识别系统的分类,存在多种方法,按其性能分类有:
- 按可识别的词汇量多少,语音识别系统可分为小、中、大词汇量 3 种;

- 按照语音的输入方式,语音识别的研究集中于对孤立词、连接词和连续语音的识别;
- 按发音人可分为特定人、限定人和非特定人语音识别 3 种。
- 说话人识别。

语音识别把人从不自然的信息输入方式中解放出来,其应用领域主要有:

- 语音识别技术应用于需要以语音作为人机交互手段的场合,主要是实现听写和命令控制功能。
- 电话商业服务是语音识别技术应用的又一个主要领域,特别是多种语言的口语识别、理解和翻译功能的电话自动翻译系统。
- 多媒体产品具有语音识别能力,可以命令和控制计算机为用户处理各种事务,从而极大地提高用户的工作效率。

语音识别系统要解决非特定人、大词汇量的连续语流(或连接词)识别,称为汉语语音听写机(Chinese Dictation Machine,CDM)。语音识别分为以下几个步骤。

1. 连续语音预处理

① 波形硬件采样率的确定、分帧大小与帧移动策略的确定。

② 剔除噪声的带通滤波、高频预加重处理、各种变换策略。

③ 波形的自动切分(依赖于识别基元的选择方案)。

连续语音切分在预处理中极其重要。

2. 特征参数提取

识别语音的过程,是对语音特征参数模型进行比较和匹配,所以选择一种合适的算法对语音特征参数进行选取就特别重要。它要求选择的特征参数既能充分表达语音特征又能彼此区别。语音识别系统常用的特征参数有线性预测系数、倒频谱系数、平均过零率、能量、短时频谱、共振峰频率和带宽等。

3. 参数模板存储

进行特征参数提取对系统进行训练和聚类,然后建立并存储一个该系统需识别字(或音节)的参数模板库。

4. 识别判决

识别即使用模板存储器中的模式进行匹配计算和比较,并根据一定的规则进行识别判决,最后输出识别结果。

2.4.2 文字—语音转换

文字—语音转换技术对信息进行讲解,从而达到声文并茂的效果。该技术是基于声音合成技术的一种声音产生技术,它能将计算机内的文本转换成连续自然的语言交流。

1. 按其实现的功能进行分类

- 有限词汇的计算机语音输出。
- 基于语音合成技术的文字——语音转换(TTS),这是目前计算机语言输出的主要研究领域。

2. 从合成采用的技术进行分类

- 发音器官参数语音合成。此法直接模拟人的发音过程,定义了唇、舌和声带的相关参数。
- 声道模型参数语音合成。此法基于声道截面面积函数或声道谐振特性合成语音。
- 波形编辑语音合成技术。此法直接把语音波形数据库中的波形相互拼接在一起,输出连续语流。此合成技术用原始语音波形替代参数,合成的语音清晰自然,其质量普遍高于参数合成。

波形存储方式存储的是数字化的语音波形数据,采用 PCM、ADPCM 等编码。

3. 文字—语音转换技术的发展方向

- 特定应用场合的计算机言语输出系统;
- 韵律特征的获取与修改;
- 语言理解与语言合成的结合;
- 计算机语言输出与计算机语言识别的结合。

思考与练习

1. 音频信号的频率范围大约是多少? 语音信号频率范围大约是多少?

2. 简述将模拟音频转化为数字音频的过程,指出什么是数字音频的特点与优势?

3. 什么是 MIDI? 它有什么主要特点? 其系统的基本组成有哪些? 试列举你所了解的应用实例。

4. 数字语音处理技术研究内容主要有哪些?

第3章
数字图像处理技术

视觉信息在数字媒体中占据极其重要的地位,是人类最容易接受的媒体信息之一。图像就是采用各种观察系统获得的,能够为人类视觉系统所感觉的实体,包括图片、电影画面、绘图等。数字图像处理是通过计算机对图像进行去噪、增强、复原、分割、提取特征等处理的方法和技术。

3.1 数字图像基础

3.1.1 人眼视觉特性与色彩模型

1. 人眼视觉特性

人的视觉系统有三个主要的功能:成像、图像传输与图像理解。对图像的灰度、对比度、色调、结构及其变化的感觉是通过光的反射、传输作用到视觉系统而形成的,人眼的视觉具有以下几个重要特性。

(1)眼的适应性

当人们从强光环境进入较暗的室内时,需要经过几分钟,才能恢复视觉,这称为暗适应性。反之,当光线突然由暗变亮时,人的视觉却可以较快地恢复,这称为亮适应性。对于具有相同亮度的物体,由于其周围亮度不同,会使人眼产生不同的主观感觉,同样的一块黑色物体,若其周围背景是白色,就会使人眼感到该物体比周围背景为灰色时更黑一些,此现象称为对比现象。与亮度对比现象相似,彩色物体有彩色饱和度对比现象和色调对比现象。

(2)对比灵敏度

实验表明,人眼辨别亮度差的能力是同周围环境以及光照度本身的大小有关的。人眼可以区分的量度级约为150~250。例如,对黑白图像进行8 bit 256级量化就是据此而来的。

(3)分辨力

人眼分辨景物细节的能力称为分辨力或视力。在人眼正前方放置两个发光点,当距离逐渐增大时,人眼就无法分辨出这是两个发光点。这就说明眼睛分辨景象细节的能力有一个极限值。将这个极限值用两个光点中心对眼睛所成的最小视角定义为视敏角 θ,

视力就是 θ 的倒数。分辨力与背景亮度、被观察物体的运动速度以及色彩有关。当背景太亮,以至与物体接近时,分辨力便会降低。当物体运动速度增大时,分辨力也会下降。人眼对彩色的分辨力比对亮度的分辨力要差。如果以分辨力为 1,则黑红为 0.4,绿蓝为0.19。

（4）马赫效应

当亮度发生跃变时,视觉上会感到边缘的亮侧更亮些,而暗侧更暗些,此现象称为马赫效应。

（5）视觉惰性

视觉惰性就是人眼的主观亮度感觉和光的作用时间有关的特性。极短时间的光脉冲造成的亮度感觉没有亮度相同的恒定光那么亮;持续一定时间的低亮度和历时较短的较高亮度可以产生同样的亮度感。人眼的亮度感觉不会随着物体的消失而立即消失,而需要一定的过渡时间,这又被称为视觉暂留。利用这一特性,每秒 24 帧的电影画面可形成连续活动景物的电影。当帧重复频率太低时,会出现闪烁感觉,不引起闪烁感觉的最低重复频率叫临界闪烁频率,它略低于 24 Hz。隔行扫描就是利用这一特性克服闪烁现象的,它又可降低扫描频率,使得传输频带得以压缩。

（6）可见度阈值

可见度阈值是指正好可以被看到的干扰值,低于该阈值的干扰是察觉不出来的。当某像素的邻近像素有较大的亮度变化时,试验表明可见度阈值会增大。对于一条亮度变化较大的边缘,在边缘处的阈值比离边缘较远处的阈值要高。这就是说,边缘"掩盖"了边缘邻近像素的信号干扰。这种效应称为视觉掩盖效应。边缘的掩盖效应与边缘出现的时间长短、运动情况有关。当出现的时间较长时,掩盖效应更显著。当图像稳定地出现在视网膜上时,掩盖效应就不那么明显。可见度阈值和掩盖效应对图像编码量化器的设计有重要作用。用这一视觉特性,在图像的边缘区域可以容忍较大的量化误差,因而可使量化级减少些,从而可降低数字码率。

人眼的视觉系统就好比是一个图像处理系统,图像信息通过人的眼睛进入视觉系统,再通过视觉系统的一系列处理到达人脑,形成最终的影像。但由于人眼的视觉系统对图像的认识是非均匀和非线性的,并不是对图像中的任何细微变化都能精确的感知。因此,我们可以利用人眼的上述视觉特性来忽略一些图像中的细节,从而达到压缩数字图像的目的。

2. 色彩模型

图像中的色彩是光刺激人的视神经产生的,能够产生视觉的光的波长为 0.4～0.7 μm,这个波段称为可见光波段。不同波长的可见光使人眼产生不同的色彩感觉。

亮度与颜色是进入眼睛的可见光的强弱及波长成分的一种感觉属性。彩色可用亮度(I)、色调(H)和饱和度(S)三个要描述。亮度是光作用于人眼所引起的明亮程度的感觉,它与被观察景物的发光强度有关,是景物表面相对明暗的特性。色调是当人眼看一种或多种波长的光时所产生的彩色感觉,它反映色彩的种类,是决定色彩的基本特性。饱和度是指色彩的纯度,即掺入白光的程度,或者说是指色彩深浅,对于同一色度的彩色光,饱和度越深色彩越鲜明或称越纯。通常把色调和饱和度通称为色度,由此可见,亮度表示某色彩的明亮程度,而色度则表示色彩的类别与深浅程度。

自然界中几乎所有的色彩光,都可由三种基本色彩光按不同比例相配而成,同样绝大多数的色彩也可分解成三种基本色光,这就是色度学中最基本的三基色原理。国际照明委员会(CIE)选择红(R)、绿(G)、蓝(B)三种色彩光为三基色,即 RGB 颜色系统。

现在主流的色彩模型主要有 RGB、CMY、YCbCr 等。

(1) RGB 色彩模型

RGB 色彩模型利用红、绿、蓝三种不同的色彩组合相加形成各种其他色彩。从理论上来看,任何一种色彩都可通过这三种色彩进行不同比例的混合得到。某一种色彩和这三种基色的关系可用下式表示:

色彩=R(红色所占百分比)+G(绿色所占百分比)+B(蓝色所占百分比)

当三基色分量都为 0 时混合为黑色光,当三基色分量都为最强时混合为白色光。调整三色系数中的任何一个系数都会改变色彩的色值。RGB 颜色空间采用物理三基色表示,适合彩色显像管工作。

(2) CMY 色彩模型

与相加混色法不同,在色彩印刷、彩色胶片和绘图中采用的是相减混色法,它通过彩色墨水或颜料进行混合得到的颜色,利用了颜料、染料和吸收性质来实现。在减色法中通常使用青色(Cyan)、品红(Magenta)和黄色(Yellow)为三基色,称为 CMY 色彩模型。可见在 CMY 模型中,显示的色彩不是直接来自于光线的色彩,而是光线被物体吸收掉一部分之后反射回来的剩余光线所产生。因此,光线都被吸收时显示为黑色,当光线完全被反射时显示为白色。

从理论上来说,只需要 CMY 三种油墨等比例混合在一起就会得到黑色,但是因为目前制造工艺水平的限制,制造出来的油墨纯度都不够高,CMY 相加的结果实际只是一种暗红色。又因为在印刷业中黑色的使用频率非常高,所以往往还会加入黑色(Black)油墨,这就是 CMY(K)色彩混合模式的由来。

CMY(K)模式与 RGB 模式的区别:RGB 模式是一种发光的色彩模式,例如在一间黑暗的房间里,你可以看到投射在墙壁上的光斑;CMY(K)是一种依靠反光的色彩模式,例如,在黑暗房间里你是无法阅读报纸的,我们之所以能够看到报纸上的内容是因为有光照射到报纸上,再反射到我们的眼中。

综上,在屏幕上显示的图像,就是 RGB 模式表现的;在印刷品上看到的图像,就是 CMYK 模式表现的。例如显示器、投影仪、扫描仪、数码相机等属于 RGB 模式;期刊、杂志、报纸、宣传画等,都是印刷出来的,那么就属于 CMY(K)模式。

(3) YCbCr 色彩模型

YCbCr 是视频图像和数字图像中常用的色彩模型,这是常用于彩色图像压缩时的一种表色系统。Y 为亮度,Cb 和 Cr 共同描述图像的色调,其中,Cb、Cr 分别为蓝色与亮度(B-Y)和红色与亮度(R-Y)的差异信息。

(4) YUV 和 YIQ 色彩模型

现代彩色电视系统中,通常采用三管彩色摄像机或彩色电荷耦合器件摄像机,把摄得的彩色图像信号,经分色棱镜分成三个分量的信号,分别经放大和校正得到 RGB 信号,再经过矩阵变换电路得到亮度信号 Y、色差信号 R-Y 和 B-Y,最后发送端将 Y、R-Y 及 B-Y 三个信号进行编码,用同一信道发送出去。这就是常用的 YUV 彩色空间。

采用 YUV 色彩空间的重要性是它的亮度信号 Y 和色度信号 U、V 是分离的。如果只有 Y 信号分量而没有 U、V 分量,那么这样表示的图像就是黑白灰度图像。彩色电视采用 YUV 空间正是为了用亮度信号 Y 解决彩色电视机与黑白电视机的兼容问题,使黑白电视机也能接收彩色电视信号。

美国,日本等国选用 YIQ 彩色空间,Y 仍为亮度信号,I、Q 仍为色差信号,但它们与 U、V 是不同的,其区别是色度向量图中的位置不同。选择 YIQ 彩色空间的好处是:人眼的彩色视觉特性表明,人眼分辨红、黄之间色彩变化的能力最强,而分辨蓝与紫之间色彩变化能力最弱。在色度向量图中,人眼对于处在红、黄之间,相角为 123° 的橙色及其相反方向相角为 303° 的青色,具有最大的彩色分辨力。

各个色彩模型有其自身的优势,借助于这些色彩模型之间的转换方式,就可以将复杂的运算转换为简单的操作。

3.1.2　相关知识

1. 图形与图像

计算机中,图像和图形有两种表示方法:表示图形叫矢量图法,表示图像叫点位图法。

矢量图是使用直线和曲线来描述图形,这些图形的元素是一些点、线、矩形、多边形、圆和弧线等,这些都是通过数学公式计算获得。

因为图像中保存的是线条和图块的信息,所以矢量图形文件的分辨率和图像大小无关,只与图像的复杂程度有关;此外矢量图可以无限缩放,对图形进行缩放、旋转或变形操作时,图形不会产生锯齿效果。但是矢量图难以表现色彩层次丰富的逼真图像效果,所以对于一幅复杂的彩色照片,就很难用数学方式来描述,不能用矢量法表示,而采用点位图法。

点位图法是把一幅图像分成许多的像素,每个像素用若干个二进制位来指定该像素的颜色、亮度和属性,因此一幅图像由许多描述每个像素的数据组成。这些数据通常称为图像数据,是作为一个文件来存储的,这种文件被称为图像文件。点位图的获取通常用扫描仪、摄像机、录像机等设备,通过这些设备把模拟的图像信号变成数字图形数据。

点位图文件占据的存储空间比较大。影像点位图文件大小的因素主要有两个:图像分辨率和像素深度。分辨率越高,组成一幅图像的像素越多,图像文件越大;像素深度越深,表达单个像素的颜色和亮度的位数越多,图像文件就越大。点位图有多种表示和描述的模式,从大的方面来说主要分为黑白图像、灰度图像、彩色图像。

黑白图像:只有黑白两种颜色的图像称为黑白图像或单色图像,是指图像的每个像素只能是黑或者白,没有中间过渡,又称为二值图像。

灰度图像:灰度图像是指每个像素的信息由一个量化的灰度级来描述,通常为 256 级,包含的信息中只有亮度信息,没有颜色信息。

2. 像素

像素是用来计算数码影像的一种单位,如果将图像放大多倍,会发现图像是由许多色彩相近的小方块组成,这些小方块就是构成图像的最小单位"像素"。用来表示一幅图像的像素越多,结果更接近原始图像。像素可以用数字表示,例如:相机 700 万像素、1 024×768 的显示器,表示横向是 1 024 个像素,纵向是 708 个像素,因此总数为 1024×768＝786432 个像素。

3.1.3 图像的数字化

自然界存在的原始图像形式通常是连续的,即往往是非数字形式的,所以在进行处理前需要先将其转化为数字形式。图像的数字化过程主要分为三步:采样、量化、编码。

1. 采样

采样的实质就是要用多少点来描述一幅图像,采样结果质量的高低就是用图像分辨率来衡量。简单来讲,对二维空间上连续的图像在水平和垂直方向上等间距地分割成矩形网状结构,所形成的微小方格称为像素点。一幅图像被采样成有限个像素点构成的集合。

对于连续图像函数 $f(x,y)$ 进行空间离散化处理,即沿 x 方向以等间隔 Δx 取样,取样点数为 N,即沿 y 方向以等间隔 Δy 取样,取样点数为 N,于是得到一个 $N \times N$ 的离散样本阵列 $[f(m,n)]N \times N$。采样点间隔大小的选取很重要,它决定了采样后的图像能真实地反映原图像的程度。一般来说,原图像中的画面越复杂,色彩越丰富,则采样间隔应越小。为了达到由离散样本阵列以最小失真重建原图像的目的,取样的密度(间隔 Δx 与 Δy)必须满足奈奎斯特(Nyquist)定理:图像采样的频率必须大于或等于源图像最高频率分量的两倍。实际情况是空域图像 $f(x,y)$ 一般是有限函数,那么它的频域带宽不可能有限,因而用数字图像表示连续图像总会有些失真。

2. 量化

取样是对图像函数 $f(x,y)$ 的空间坐标进行离散化处理,而量化是对每个离散点(像素)的灰度或色彩样本进行离散化处理。量化就是将取样后的图像的每个像素的取值范围划分成若干区间,并且仅用一个数值代表每个区间中的所有取值。从人眼的视觉特性的讨论中可以看出,为了从量化了的样本中恢复出的图像能够被人接受,通常需要使用100 多个量化级。在量化时所确定的离散取值个数称为量化级数。为表示量化的色彩值(或亮度值)所需的二进制位数称为量化字长,一般可用 8 位、16 位、24 位或更高的量化字长来表示图像的颜色;量化字长越大,则越能真实地反映原有的图像颜色,但得到的数字图像的容量也越大。

最简单和最常用的量化方法是均匀量化,即每个量化判决阈值间的间隔是相等的;反之,则是非均匀量化。量化级的多少及每个量化间隔的确定,主要根据图像或图像的局部特性及人眼的视觉性和对量化误差的要求折中考虑。量化也可以采用矢量量化方法。

经过这样采样和量化得到的一幅空间上表现为离散分布的有限个像素,灰度取值上表现为有限个离散的可能值的图像称为数字图像。只要水平和垂直方向采样点数足够多,量化比特数足够大,数字图像的质量毫不逊色原始模拟图像。

3. 编码

数字化后得到的图像数据量十分巨大,必须采用编码技术来压缩其信息量。在一定意义上讲,编码压缩技术是实现图像传输与储存的关键。已有许多成熟的编码算法应用于图像压缩,常见的有图像的预测编码、变换编码、分形编码、小波变换图像压缩编码等。

当需要对所传输或存储的图像信息进行高比率压缩时,必须采取复杂的图像编码技术。但是,如果没有一个共同的标准做基础,不同系统间不能兼容,除非每一编码方法的各个细节完全相同,否则各系统间的连接十分困难。

为了使图像压缩标准化,20 世纪 90 年代后,国际电信联盟(ITU)、国际标准化组织(ISO)和国际电工委员会(IEC)已经制定并继续制定一系列静止和活动图像编码的国际标准,已批准的标准主要有 JPEG 标准、MPEG 标准、H. 261 等。

3.1.4　图像质量的评价

图像质量的含义包括图像的逼真度和图像的可懂度。所谓图像的逼真度是指被评价图像与标准图像的偏离程度,偏差越小,逼真度越高。而图像可懂度是指由图像能向人或机器提供信息的能力,它不仅与图像系统的应用要求有关,而且常常与人眼的主观感觉有关。图像质量直接取决于成像装备的光学性能、图像对比度、仪器噪声等多种因素的影响,通过质量评价可以对影像的获取、处理等各环节提供监控手段。为了对图像处理的各个环节进行合理评估,图像质量评价的研究已经成为图像信息工程的基础技术之一。目前,对图像质量的评价主要是通过客观的定量评价和主观的定性评价进行的,前者凭借实验人员的主观感知来评价对象的质量;后者依据模型给出的量化指标,模拟人类视觉系统感知机制衡量图像质量。但目前人们对人类视觉特性仍没有充分理解,特别是对人眼视觉的心理特性还难以找出定量的描述方法,因此图像质量评价还处于研究阶段。

1. 主观评价

观察者的主观评价是最常用,也是最直接的图像质量评价方法,通常可分成绝对评价和相对评价两类。绝对评价是由观察者根据事先规定的评价尺度或自己的经验对图像作出判断和评价。必要时,可提供一组标准图像作为参照系,帮助观察者对图像质量作出合适的评价。为了保证图像质量主观评价的客观性和准确性,可用一定数量观察者的质量分数平均值作为最终主观评价结果。

目前国际上已有成熟的主观评价技术和国际标准,例如 ITU-T Rec. P. 910 规定了多媒体应用的主观评价方法;ITU-R BT. 500-11 规定了电视图像的主观评价方法,就视频质量主观评价过程中的测试序列、人员、距离以及环境做了详细规定。主观质量评分法(Mean Opinion Score;MOS)是图像质量最具代表性的主观评价方法,它通过对观察者的评分归一化来判断图像质量。而主观质量评分法又可以分为绝对评价和相对评价两种类型。

绝对评价是将图像直接按照视觉感受分级评分,表 3-1 列出了国际上规定的 5 级绝对尺度,包括质量尺度和妨碍尺度。对一般人来讲,多采用质量尺度;对专业人员来讲,则多采用妨碍尺度。

表 3-1 绝对评价尺度

	质量尺度		妨碍尺度
5分	丝毫看不出图像质量变坏	5	非常好
4分	能看出图像质量变化但不妨碍观看	4	好
3分	清楚看出图像质量变坏,对观看稍有妨碍	3	一般
2分	对观看有妨碍	2	差
1分	非常严重的妨碍观看	1	非常差

相对评价是由观察者将一批图像从好到坏进行分类,将它们相互比较得出好坏,并给出相应的评分,相对尺度如表 3-2 所示。

表 3-2 相对评价的评分标准

分数	相对测量尺度	绝对测量尺度
5分	一群中最好的	非常好
4分	好于该群中平均水平	好
3分	该群中的平均水平	一般
2分	差于该群中平均水平	差
1分	该群中最差的	非常差

2. 客观评价

客观评价方法是根据人眼的主观视觉系统建立数学模型,并通过具体的公式计算图像的质量。传统的图像质量客观评价方法主要包括均方误差(mean squared error,MSE)和峰值信噪比(peak signal to noise rate,PSNR)。

因为客观评价的内容是物理参量,评价的手段是用物理量度,所以客观评价的特点是能够做到严格准确,具有较高的科学性和客观性。但是这类评价并未考虑观察者的心理因素,如感觉和情绪等,而后两者在实际评判图像质量时往往起着重要作用,因此,采用客观评价方法来评价图像质量是严格的,但不够全面。特别是,采用客观评价方法对当今数字图像压缩技术的图像质量进行评价时,得到的客观评价结果与实际的图像质量情况相去甚远。一般而言,由于图像质量的优劣主要是由人眼的感觉决定的,所以,通用的评价方法是以主观评价为主,而客观评价只作为辅助手段。

3.2 数字图像压缩技术

随着多媒体技术和通信技术的不断发展,多媒体娱乐、信息高速公路等不断对信息数据的存储和传输提出了更高的要求,也给现有的有限带宽带来了严峻的考验,特别是具有庞大数据量的数字图像通信,更难以传输和存储,极大地制约了图像通信的发展,因此图像压缩技术受到了越来越多的关注。图像压缩的目的就是把原来较大的图像用尽量少的字节表示和传输,并且要求复原图像有较好的质量。

图像压缩编码技术可以追溯到 1948 年提出的电视信号数字化,到今天已经有 70 多年的历史了。在此期间出现了很多种图像压缩编码方法,特别是到了 20 世纪 80 年代后期以后,由于小波变换理论、分形理论、人工神经网络理论、视觉仿真理论的建立,图像压缩技术得到了前所未有的发展,其中分形图像压缩和小波图像压缩是当前研究的热点。

3.2.1　图像冗余性与图像数据压缩方法

人们研究发现,图像数据表示中存在着大量的冗余。通过去除那些冗余数据可以使原始图像数据极大地减少,从而解决图像数据量巨大的问题。图像数据压缩技术就是研究如何利用数据的冗余性来减少图像数据量的方法。因此,进行图像压缩研究的起点是研究图像数据的冗余性。

1. 图像冗余性

(1) 空间冗余

这是静态图像存在的最主要的一种数据冗余。例如:一幅图像上,同一景物表面上各采样点的颜色之间往往存在着空间连贯性,但是基于离散像素采样来表示物体颜色的方式通常没有利用景物表面颜色的这种空间连贯性,从而产生了空间冗余。例如:在静态图像中的一块表面颜色均匀的区域中,所有点的光强和色彩以及饱和度都相同,我们可以通过改变物体表面颜色的像素存储方式来利用空间连贯性,达到减少数据量的目的。

(2) 时间冗余

这是序列图像(电视图像,运动图像)表示中经常包含的冗余。序列图像一般是位于同一时间轴内的一组连续图像,这些相邻图像包含相同的背景和移动物体,只不过移动物体所在的空间位置有所不同,所以后一幅的数据与前一幅的数据有许多共同的地方,被称为时间冗余。

(3) 结构冗余

在有些图像的纹理区,图像的像素值存在着明显的分布模式。例如:方格状的地板图案等,我们称此为结构冗余。

(4) 知识冗余

有些图像的理解与某些知识有相当大的相关性。例如:人脸的图像有固定的结构,嘴的上方有鼻子,鼻子的上方有眼睛,鼻子位于正脸图像的中线上,等等。这类规律性的结构可由先验知识和背景知识得到,称为知识冗余。根据已有的知识,对某些图像中所包含的物体,可以构造其基本模型,并创建对应各种特征的图像库,进而图像的存储只需要保存一些特征参数,从而可以大大减少数据量。知识冗余是模型编码主要利用的特征。

(5) 视觉冗余

事实表明,人类的视觉系统对图像的敏感性是非均匀和非线性的。然而,在记录原始的图像数据时,通常假定视觉系统是线性和均匀的,视觉敏感和不敏感的部分同等对待,从而产生了比理想编码(即把视觉敏感和不敏感的部分区分开来编码)更多的数据,这就是视觉冗余。通过对人类视觉进行的大量实验,发现了以下的视觉非均匀特性。

- 视觉系统对图像的亮度和彩色度的敏感性相差很大。
- 人眼的辨别能力与物体周围的背景亮度成反比,随着亮度的增加,视觉系统对量化误差的敏感度降低。
- 人眼的视觉系统把图像的边缘和非边缘区域分开来处理。这里的边缘是指灰度值发生剧烈变化的地方,而非边缘区域是指除边缘之外的图像其他任何部分。
- 人类的视觉系统总是把视网膜上的图像分解成若干个空间有限的频率通道后再进一步处理。在编码时,若把图像分解成符合这一视觉内在特性的频率通道,则可能获得较大的压缩比。

（6）图像区域的相同性冗余

它是指在图像中的两个或多个区域所对应的所有像素值相同或相近,从而产生的数据重复性存储,这就是图像区域的相似性冗余。在该种情况下,记录了一个区域中各像素的彩色值,则与其相同或相近的其他区域就不再需要记录其中各像素的值。向量量化（vector quantization）方法就是针对这种冗余性的图像压缩编码方法。

（7）纹理的统计冗余

有些图像纹理尽管不严格服从某一分布规律,但是它在统计的意义上服从该规律。利用这种性质可以减少表示图像的数据量,称之为纹理的统计冗余。随着对人类视觉系统和图像模型的进一步研究,人们可能会发现更多的冗余,使图像数据压缩编码的可能性越来越大,从而推动图像压缩技术的进一步发展。

2. 图像数据压缩方法

针对数字媒体数据冗余类型的不同,相应地有不同的压缩方法。根据解码后数据与原始数据是否完全一致进行分类,压缩方法可被分为无损压缩和有损压缩。在此基础上根据编码原理进行分类,大致有:预测编码、变换编码、统计编码以及其他一些编码。其中统计编码是无损编码,其他编码方法基本是有损编码。

无损压缩也叫无失真压缩,是指解压还原后的数据同原始的数据完全一样。这种压缩的特点是压缩比较小。

有损压缩也叫失真压缩,这种压缩使得压缩后部分信息丢失,即还原的数据与原始数据存在误差。它的特点是压缩比大,而且压缩比是可调节的。

常用的图像数据编码方法有以下几种。

（1）预测编码

预测编码是根据离散信号之间存在着一定的相关性,利用前面的一个或多个信号对下一信号进行预测,然后对实际值和预测值的差进行编码。预测编码分为帧内预测和帧间预测两种类型。

帧内预测:该编码反映了同一帧图像内,相邻像素之间的空间相关性较强,因而任何一个像素的亮度值,均可由与它相邻的已被编码的像素编码值来预测。帧内预测编码包括差分脉冲编码调制（Differential Pulse Code Modulation,DPCM）和自适应差分脉冲编码调制（Adaptive Differential Pulse Code Modulation, ADPCM）。

帧间预测:在 MPEG 压缩标准中采用了帧间预测编码,这是由于运动图像各个帧之间有很强的时间相关性。例如,在电视图像传送中,相邻帧的时间间隔较短,大多数像素的亮度信号在帧间的变化不大,利用帧间预测编码技术可减少帧序列内图像信号的冗余。

（2）变换编码

变换编码先对信号进行某种函数变换,从信号的一种表示空间变换到另一种表示空间,然后在变换后的域上,对变换后的信号进行编码。变换编码过程如图 3-1 所示。

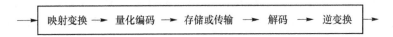

映射变换 → 量化编码 → 存储或传输 → 解码 → 逆变换

图 3-1 变换编码过程

典型的变换编码有离散余弦变换、K-L 变换(KLT),以及近来流行的小波变换等。

离散余弦变换 DCT:允许 8×8 图像的空间表达式转换为频率域,只需要少量的数据点来表示图像。另外,DCT 算法的性能很好,可以进行高效的运算,使得它在硬件和软件中都容易实现。

K-L 变换:从图像统计特性出发,用一组不相关的系数来表示连续信号,实现正交变换。K-L 使矢量信号的各个分量互不相关,因而在均方误差下,它是失真量小的一种变换。但由于它没有通用的变换矩阵,因此对于每个图像数据都要计算相应的变换矩阵,其计算量相当大,所以实际中使用较少。

小波变换:对图像的压缩类似于离散余弦变换,都是对图像进行变换,由时域变换到频域,然后再量化、编码、输出。不同之处在于小波变换是对整幅图像进行变换,而不是先对图像进行小区域分割。此外,量化技术上也采用不同的方法。离散余弦变换是采用一种与人类视觉相匹配的矢量量化表,而小波变换则没有这样的量化表,它主要依据变换后各级分辨率之间的自相似特点,采用逐级逼近技术实现减少数据存储量的目的。

（3）统计编码

统计编码:主要针对无记忆信源,根据信息码字出现概率的分布特征而进行压缩编码,寻找概率与码字长度间的最优匹配,其又可分为定长码和变长码。

哈夫曼编码:大多数存储数字的信息编码系统都采用位数固定的字长码,如 ASCII 码。在一幅图像中,图像数据出现的频率不同,如果对那些出现频率高的数据用较少的比特数据来表示,而出现频率低的数据用较多的比特数来表示,从而节省存储空间。采用这种思想对数据进行编码时,代码的位数是不固定的,这种码称为变长码。该思想首先由香农提出,哈夫曼后来对它提出了一种改进的编码方法,用这种方法得到的编码称为哈夫曼码。

游程长度编码:在一幅图像中,往往具有很多颜色相同的图块,在这些图块中,许多行或者一行上许多连续的像素都具有相同的像素值,这种情况下就不需要存储每一个像素的颜色值,而仅仅存储一个像素值和具有相同像素值的数目,或者一个像素值和具有相同数值的行数,这种压缩编码称为游码长度编码。

LZW 编码:在编码图像数据过程中,每读一个字符(图像数据),就与以前读入的字符拼接成一个新的字符串,并且查看码表中是否已经有相同的字符串,如果有就用这个字符串的号码来代替这一个字符;如果没有,则把这个新的字符串放到码表中,并且给它编上一个新的号码,这样编码就变成一边生成码表一边生成新字符串的码号。在数据存储或传输时,只存储或传输号码,不存储和传输码表本身。在译码时,按照编码时的规则一边生成码表一边还原图像数据。

其他编码有以下几种。

矢量量化编码:一种有失真编码方法,相对于标量量化中对原始数据一个数一个数地进行量化编码,矢量量化将数据分成很多组,将有 R 个数的一组看作一组 K 维矢量,然后以这些矢量为单元进行量化编码,这种编码方式对声音和图像数据特别有效。

子带编码:是一种高质量、高压缩比的编码方法。它的基本思想是利用一滤波器组,通过重复卷积的方法,经取样将输入信号分解为高频分量和低频分量,然后分别对高频和低频分量进行量化和编码。

分形编码:首先对图像进行分块,然后再去寻找各块之间的相似性,这里的相似性主要是依靠仿射变换(包括几何变换、对比度放缩和亮度平移)确定,找到每块的仿射变换,就保存下这个仿射变换的系数,因为每块的数据量远远大于仿射变换的系数,所以图像得以大幅度的压缩。

3.2.2 数字图像编码的国际标准

图像编码技术的需求与发展促进了该领域国际标准的制定。ISO、IEC 和 ITU 等国际组织先后制定和推荐一系列的图像编码国际标准,如 JPEG、H.26x 系列和 MPEG 系列标准等。我国也自主开发与制定了相应的 AVS(先进音视频编码)系列标准,并于 2006 年 3 月 1 日起正式成为国家标准。

1. JPEG 和 JPEG2000

JPEG 标准是由 ISO/IEC 制定的连续色调、多级灰度、静止图像的数字压缩编码标准。JPEG 基本系统框图,它满足以下要求:

- 能适用于任何种类的连续色调的图像,且长宽比都不受限制,同时也不受限于景物内容、图像的复杂程度和统计特性等。
- 计算机的复杂性是可控制的,其软件可在各种 CPU 上完成,算法也可用硬件实现。

JPEG 算法具有 4 种操作方式。

第一:顺序编码,每个图像分量按从左到右,从上到下扫描,一次扫描完成编码;

第二:累进编码,图像编码在多次扫描中完成,接收端收到图像是一个由粗糙到清晰的过程;

第三:无失真编码;

第四:分层编码,对图像按多个空间分辨率编码,接收端按需要对这多个分辨率有选择地解码。

JPEG 压缩是有损压缩,它利用了人视觉系统的特性,去掉视觉冗余信息和数据本身的冗余信息,在压缩比为 25:1 的情况下,压缩后的图像与原始图像相比较,非图像专家难辨"真伪"。其算法框图如图 3-2 所示。

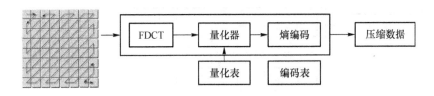

图 3-2　JPEG 编码过程

图 3-2 是 JPEG 基于 DCT 的编码步骤框图,由图可知其编码主要步骤。

(1) 离散余弦变换

JPEG 采用的是 8×8 大小子块的二维离散余弦变换 DCT,在编码器的输入端,把原始图像顺序地分割成 8×8 的子块系列。设原始采样精度为 P 位,是无符号整数,输入时把 $(0,2P-1)$ 范围变为 $(-2P-1,2P-1-1)$。当 $P=8$ bit 时,每个样本值减去 128,数值范围为 $(-128,128)$;当 $P=12$ 时,每个样本值减 2 048,数值范围为 $(-2\,048,2\,048)$,然后送入 FDCT,解码时 IDCT 输出是有符号的,要变换成无符号数用于重构图像。

(2) 使用加权函数对 FDCT 系数进行量化

这种量化是对经过 FDCT 变换后的频率系数进行加权量化,这个加权函数对于人的视觉系统是最佳的。量化的目的是减小非"0"系数的幅度以及增加"0"值系数的数目,它是图像质量下降的最主要原因。

(3) Z 字形编排

量化后的 DCT 系数要重新编排,这样做可增加连续"0"系数的个数,也就是说尽量增加"0"游程长度,最好的办法是采用"Z 字蛇形"矩阵。

(4) 使用差分脉冲编码调制(DPCM)对直流系数(DC)进行编码

8×8 的图像块经过前几步的变换之后,得到的直流系数具有系数的数值比较大,相邻图像块系数数值变化不大的特点。

(5) 使用游程编码(RLE)对交流系数(AC)进行编码

量化的交流系数特点是 1×64 矢量中包含有许多"0",并且"0"是连续的,因此,使用游程编码(RLE)方法最能解决问题了。

JPEG 使用了 1 个字节的高 4 位表示连续"0"的个数,而使用低 4 位表示编码"0"后面紧跟的非"0"系数所需占用的位(bit)数,跟在它后面的就是量化 AC 系数的数值。

(6) 熵编码

可变长度的 Huffman(哈夫曼)码表在这儿得到了应用。它在压缩数据符号时,对出现频度比较高的符号分配比较短的代码,而对出现频度较低的符号分配比较长的代码。这样就对 DPCM 编码后的直流 DC 系数和 RLE 编码后的交流 AC 系数做了更进一步压缩。

(7) 组成位数据流

JPEG 编码的最后一个步骤是把各种标记代码和编码后的图像数据组成一帧一帧的数据,便于传输、存储和译码器进行译码。

图 3-3 是基于 DCT 的解码(译码)步骤框图,解码是编码的逆过程。

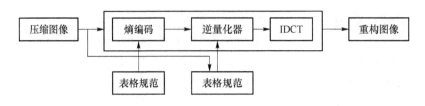

图 3-3　DCT 解码器解压缩步骤

2. MPEG

ISO 和 CCITT 于 1988 年成立"运动图像专家组（MPEG）"，研究制定了视频及其伴音国际编码标准。MPEG 阐明了声音电视编码和解码过程，严格规定声音和图像数据编码后组成位数据流的句法，提供了解码器的测试方法等。目前，已经开发的 MPEG 标准有以下 5 种。

MPEG-1：1992 年正式发布的数字电视标准。

MPEG-2：数字电视标准。

MPEG-3：于 1992 年合并到高清晰度电视（HDTV）工作组。

MPEG-4：1999 年发布的多媒体应用标准。

MPEG-7：多媒体内容描述接口标准，目前正在研究当中。

（1）MPEG-1 的视频压缩标准

活动图像专家组在 1991 年 11 月提出了"用于数据速率大约高达 1.5 MB/s 的数字存储媒体的电视图像和伴音编码"，作为 ISO 11172 号建议，习惯上通称 MPEG-1 标准。此标准主要用于在 CD-ROM 上存储数字影视和传输数字影音，PAL 制为 352×288 pixel/frame $\times$ 25 frame/s，NTSC 制为 352×240 pixel/frame $\times$ 30 frame/s。

MPEG-1 主要用于活动图像的数字存储，它包括 MPEG-1 系统、MPEG-1 视频、MPEG-1 音频、一致性测试和软件模拟等五个部分。

- MPEG-1 系统：将视频信号及其伴音以可接收的重建质量压缩到 15 MB/s 的码率，并复合成一个单一的 MPEG 位流，同时保证视频和音频的同步。
- MPEG-1 视频：用于满足日益增长的多媒体存储与表现的需要，即以一种通用格式在不同的数字存储介质，如 VCD、CD、DAT、硬盘和光盘中，表示压缩的视频。该压缩算法采用三个基本技术：运动补偿预测编码、DCT 技术和变字长编码技术。

（2）MPEG-2 数字电视标准

MPEG-2 的标准号为 ISO/IEC13818，标准名称为"信息技术——电视图像和伴音信息通用编码"。它是声音和图像信号数字化的基础标准，将广泛用于数字电视（包括 HDTV）及数字声音广播、数字图像与声音信号的传输，多媒体等领域。

MPEG-2 标准是一个直接与数字电视广播有关的高质量图像和声音编码标准，MPEG-2 视频利用网络提供的更高的带宽来支持具有更高分辨率图像的压缩和更高的图像质量。

MPEG-2 也分为系统、视频、音频、一致性测试、软件模拟、数字存储媒体命令、控制扩展协议、先进声音编码、系统解码器实时接口扩展标准等 10 个部分。

（3）MPEG-4 多媒体应用标准

视听数据的编码和交互播放开发算法和工具,是一个数据速率很低的多媒体通信标准。其目标是要在异构网络环境下能够高度可靠地工作,并且具有很强的交互功能,处理过程如图 3-4 所示。为此它引入了对象基表达的要领,用来表达视听对象(AVO),并扩充了编码的数据类型,由自然数据对象扩展到计算机生成的合成数据对象,采用合成对象、自然对象混合编码算法。在实现交互功能和重用对象中引入了组合,合成和编排等重要要领。

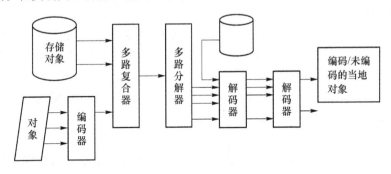

图 3-4　MPEG 系统示意图

（4）MPEG-7 多媒体内容描述接口

满足特定需求而制定的视听信息标准,仍然以 MPEG-1、MPEG-2、MPEG-4 等标准为基础。图 3-5 表示了 MPEG-7 的处理链(Processing Chain),这是高度抽象的方框图。

MPEG-7 的应用领域很广,包括数字图书馆、多媒体目录服务、广播式媒体的选择、个人电子新闻服务、多媒体创作、娱乐等。

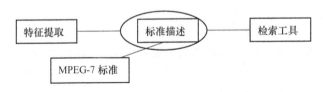

图 3-5　MPEG-7 处理链

3.2.3　图像文件格式

文件格式是存储文件、图形或者图像数据的一种数据结构。图像的存储格式也可随着不同的应用环境、处理软件等因素的不同而不同。很多公司致力于图像处理软件的研究和开发,由此也产生了很多不同种类的图像文件格式。常见的格式有以下几种。

1. BMP 格式

BMP 是 Bitmap 的缩写,是微软公司为 Windows 环境设置的标准图像文件格式。在 Windows 环境下运行的所有图像处理软件都支持这种格式,Windows 3.0 以后的 BMP 格式与显示设备无关,因此这种 BMP 格式被称为设备无关位图格式。BMP 位图的默认文件扩展名是 bmp,由 4 个部分组成:位图文件头、位图信息头、彩色表和定义位图的字节阵列。它的缺点是容量较大,不利于网络传输。

2. JPEG 格式

JPEG 是 Joint Photographic Experts Group(联合图像专家组)的缩写,是第一个国际图像压缩标准。JPEG 文件的扩展名为.jpg,是最常用的图像文件格式。JPEG 压缩技术使用是损压缩格式去除冗余的图像数据,在获得极高压缩率的同时展现丰富生动的图像。JPEG 格式压缩的主要是高频信息,对色彩的信息保留较好,可以支持 24 bit 真彩色,因此在互联网上的 HTML 文档中,JPEG 应用于图片和其他连续色调的图像文档。

3. PNG 格式

PNG 格式图片以任何颜色深度存储单个光栅图像。PNG 是与平台无关的格式。PNG 支持高级别无损耗压缩,支持 alpha 通道透明度,支持伽马校正。PNG 受到最新的 Web 浏览器支持。作为互联网上用到的图片文件格式,与 JPEG 相比,PNG 提供的压缩量较少。PNG 的缺点是旧的浏览器和程序可能不支持 PNG 文件,同时,PNG 对多图像文件或动画文件不提供任何支持。

4. GIF 格式

GIF 文件格式是由 Compu-Serve 公司在 1987 年 6 月为了制定彩色图像传输协议而开发的,它支持 64 000 像素的图像,256 色 16M 色的调色板,单个文件中的多重图像。同时,它按行扫描迅速解码,并且与硬件无关。

3.3 图像识别技术

3.3.1 图像识别过程

图像识别问题就是对图像进行特殊的预处理,再经分割和描述提取图像中有效的特征,进而加以判决分类。图像识别的发展大致经历了三个阶段:文字识别、图像处理和识别、物体识别。文字识别的研究是从 1950 年开始的,一般是识别字母、数字和符号,并从印刷文字识别到手写文字识别,应用非常广泛,并且已经研制了许多专用设备。图像处理和识别的研究,是从 1965 年开始的。过去人们主要是对照相技术、光学技术的研究,而现在则是利用计算技术、通过计算机来完成。计算机图像处理不但可以消除图像的失真、噪声,同时还可以进行图像的增强与复原,然后进行图像的判读、解析与识别,如航空照片的解析、遥感图像的处理与识别等,其用途之广,不胜枚举。

典型的图像识别系统可分为三个主要部分,其系统框图如图 3-6 所示。

图 3-6　图像识别系统

第一部分是图像信息的获取。它相当于对被研究对象进行调查和了解,从中得到数据和材料,对图像识别来说就是把图片、底片和文字图形等用光电扫描设备转换为电信号以备后续处理。

第二部分是图像的预处理。这个处理过程的工作包括采用数字图像处理的各种方法来消除原始图像的噪声和畸变,消减无关特征而加强图像的系统感兴趣的特征,如果图像包含多个目标的,还要对图像进行分割,将其分为多个每个只包含一个目标的区域。

第三部分特征提取。通常能描述对象的元素很多,为了节约资源,节省计算机存储空间、机时、特征提取费用,在满足分类识别正确率要求的条件下,按某种准则尽量选用对正确分类识别作用大的特征,使得用较少的特征就能完成分类识别任务。这项工作的表现为减少特征矢量的维数、符号、串字符数或简化图的结构。

第四部分是判决或分类。即依据所提取的特征,将前一部分的特征向量空间映射到类型空间,把相应原图归属已知的一类模式,相当于人们从感性认识升到理性认识而做出结论的过程。第四部分与特征提取的方式密切相关,它的复杂程度也依赖于特征提取的方式,例如:类似度、相关性、最小距离等。其中前三部分是属于图像处理范畴,第四部分为模式识别范畴。我们也把预处理和特征提取部分称为低级处理,而判决和分类部分称为高级处理。其中,每一阶段都会对识别结果产生严重影响,所以每一阶段都应争取尽可能完美的结果。

3.3.2　图像识别方法

图像识别问题的数学本质属于模式空间到类别空间的映射问题。目前,在图像识别的发展中,主要有四种识别方法。

（1）统计图像识别方法

统计图像识别方法是以概率统计理论为基础的,图像模式用特征向量描述,找出决策函数进行模式决策分类。不同的决策函数产生了不同的模式分类方法。方法为聚类分析法、判别类域代数界面法、统计决策法、最近邻法等。统计方法忽略了图像中被识别对象的空间相互关系,即结构关系,当被识别对象(如指纹、染色体等)的结构特征为主要特征时,用统计方法很难进行识别。

（2）句法(或结构)图像识别方法

它是对统计识别方法的补充,统计方法是用数值来描述图像的特征,句法方法则是用符号来描述图像的特征。它模仿了语言学中句法的层次结构,把复杂图像分解为单层或多层的简单图像,主要突出识别对象的结构信息。句法方法不仅对景物分类,而且用于景物的分析和物体结构的识别。

（3）模糊图像识别方法

在图像识别中,有些问题极为复杂,很难用一些确定的标准作出判断。模糊图像识别方法的理论基础是模糊数学,它是把事物特征判别的二值逻辑转向连续值逻辑,用不太精确的方式来描述复杂系统,从而得到模糊的识别结果。目前模糊图像识别的主要方法有:最大隶属原则识别法、接近原则识别和模糊聚类分析法。

（4）神经网络图像识别方法

它是指用神经网络的算法对图像进行识别的方法,人工神经网络具有信息分布式存储、大规模自适应并行处理、高度的容错性等优点,是应用于图像识别的基础,特别是其学习能力和容错性对不确定的图像识别具有独到之处。

统计图像识别方法必须解决特征形成和特征提取、选择问题,而神经网络具有无可比拟的优越性,一般的神经网络分类器不需要对输入的模式做明显的特征提取,网络的隐层本身就具有特征提取的功能,特征信息体现在隐层连接的权值之中。神经网络的并行结构决定了它对输入模式信息的不完备或特征的缺损不敏感。

神经网络分类器是一种智能化模式识别系统,它可增强系统的学习能力和容错性,具有很好的发展应用前景。

3.3.3 图像识别应用

图像识别是立体视觉、运动分析、数据融合等实用技术的基础,在导航、地图与地形配准、自然资源分析、天气预报、环境监测、生理病变研究等许多领域有重要的应用价值。

- 遥感图像识别:航空遥感和卫星遥感图像通常用图像识别技术进行加工以便提取有用的信息。该技术目前主要用于地形地质探查,森林、水利、海洋、农业等资源调查,灾害预测,环境污染监测,气象卫星云图处理以及地面军事目标识别等。
- 通信领域的应用:包括图像传输、电视电话、电视会议等。
- 军事、公安刑侦等领域的应用:图像识别技术在军事、公安刑侦方面的应用很广泛,例如军事目标的侦察、制导和警戒系统;自动灭火器的控制及反伪装;公安部门的现场照片、指纹、手迹、印章、人像等的处理和辨识;历史文字和图片档案的修复和管理等。
- 生物医学图像识别:图像识别在现代医学中的应用非常广泛,它具有直观、无创伤、安全方便等特点。在临床诊断和病理研究中广泛借助图像识别技术,如 CT (Computed Tomography)技术等。
- 机器视觉领域的应用:作为智能机器人的重要感觉器官,机器视觉主要进行 3D 图像的理解和识别,该技术也是目前研究的热门课题之一。机器视觉的应用领域也十分广泛,如用于军事侦察、危险环境的自主机器人,邮政、医院和家庭服务的智能机器人。此外机器视觉还可用于工业生产中的工件识别和定位,太空机器人的自动操作等。

思考与练习

1. 简述人眼视觉的主要特性,指出其在数字图像处理技术中的主要应用。
2. 简述图像的数字化过程,并就各关键步骤予以说明。
3. 试举例说明矢量图与位图的区别。
4. 什么是冗余?图像数据中主要存在哪些类型的冗余?
5. 简述图像识别技术的基本原理与方法,指出其相关的应用领域。

第4章
计算机图形技术

从计算机诞生的那天开始,对现实世界的真实模拟就是图形学领域追求的最终目标。1963年,伊凡·苏泽兰(Ivan Sutherland)在麻省理工学院发表了名为《画板》的博士论文,它标志着计算机图形学的正式诞生。随着计算机图形学的发展,从数字娱乐、影视特效到建筑CAD、广告动画,人们已经领略到真实感图形的魅力。

4.1 计算机图形学概述

图形是指由外部轮廓线条构成的矢量图,通常有点、线、面、体等几何元素和灰度、色彩、线形线宽等非几何属性组成。从处理技术上看,图形主要分为以下两类。

- 基于线条信息表示的,用于刻画物体形状的点、线、面、体等几何要素,如工程图、等高线地图、曲面的线框图等。它侧重于用数学模型(方程或表达式)来表示图形。
- 反映物体表面属性或材质的灰度颜色等非几何要素。它侧重于根据给定的物体描述模型、光照来生成真实感图形及摄像机来生成真实感图形。

计算机图形学的一个主要目的就是利用计算机产生令人赏心悦目的真实感图形。为此,必须建立图形所描述场景的几何表示,再用某种光照模型计算在假想的光源、纹理、材质属性下的光照效果,计算机图形学的主要研究内容就是研究如何在计算机中表示图形,以及利用计算机进行图形的计算、处理和显示的相关原理与算法。同时,计算机图形学与计算机辅助设计有着密切联系。

需要注意的是,在计算机科学中,图形和图像是有区别的。

- 图形一般指用计算机绘制的画面,如直线、圆、圆弧、任意曲线和图表等;图像则是指由输入设备捕捉的实际场景画面或以数字化形式存储的任意画面。
- 计算机图形学主要用到仿射与透视变换、样条几何、计算几何、分形等理论。图像处理主要用到数字信号处理、概率与统计、模糊数学等;
- 图像处理主要用于遥感、医学、工业、航天航空、军事等。计算机图形学主要用于CAD/CAM/CAE/CAI计算机艺术、计算机模拟、计算机动画等。

在实际应用中,图形、图像技术又是相互关联的。把图形、图像处理技术相结合,可以使视觉效果和质量更加完善和精美。

4.2 图形渲染过程

渲染是来自于中国画中的渲和染这两个烘托画面形象的技巧,也被称为晕染,指用水墨或颜色烘托物象,分出阴阳向背,属辅助性用笔。渲染用于建筑效果图上同样是为烘托建筑的色彩、造型及环境效果。电脑中的渲染是对模型所赋予的材质,配置各种不同灯光进行着色计算,模拟现实生活中的各种视觉现象的技术。现实生活中,无论是建筑物、设备、设施、人物等人们眼睛所看到的物体,都是具有几何形状、色彩、材质的基本物理属性,这些属性又都与光线有着直接的关系,没有光照,眼睛就得不到客观事物的真实展示。电脑制作的各种动画片、虚拟环境、装饰效果图等,都是通过赋予的材质、色彩、光照后进行渲染计算所获得的图片效果。一般情况下,一、两次的渲染是难以看出效果或难以满足整体效果的,需要多次修改灯光的布置、强度、色温等参数,同时也要调整物体表面的材质才能最终取得满意的效果。

在计算机图形学中,主要存在三种渲染技术:Z 缓冲技术,光线跟踪技术和辐射度技术。这三种技术各自拥有数量庞大的具体实现方法。其中 Z 缓冲技术主要使用于实时绘制领域,而光线跟踪技术和辐射度技术主要使用于真实感渲染领域。

在图形流水线中,渲染是最后一项重要步骤,通过它得到模型与动画的最终显示效果。在早期的发展阶段,由于计算机硬件能力的限制,主要的研究方向集中在如何简化物理数学模型以使计算机生成计算量不过于庞大而效果又可被接受的图形。随着硬件能力的提升,科学家和研究者开始把重心集中到如何创建出真实可信的图形上来。从 20 世纪70 年代至今,有大批的研究者对这个领域做出了杰出的贡献,渲染的应用领域有:计算机与视频游戏、模拟、电影或者电视特效以及可视化设计,每一种应用都是特性与技术的综合考虑。作为产品来看,现在已经有各种不同的渲染工具产品,有些集成到更大的建模或者动画包中,有些是独立产品,有些是开放源代码的产品。从内部来看,渲染工具都是根据各种学科理论,经过仔细设计的程序,其中包括:光学、视觉感知、数学以及软件开发。目前利用商业引擎制作的影视特效和广告效果图已经很难被肉眼识别出与真实效果的差别。但是,目前渲染技术中所使用的各种算法模型仍然是现实情况的一种简化和模拟,要完全真实且实时地模拟现实效果,还有一段很长的路。

目前,常见的渲染软件有以下几种:Lightscape,Artlantis,Render,Brazil,SolidWorks,AccuRender,VRay,Cinema4D。其中,Lightscape 已经合并到 3DMAX 中。

Artlantis 渲染器是法国 Advent 公司重量级渲染引擎,用于建筑室内和室外场景的专业渲染软件,被誉为建筑绘图场景、建筑效果图画和多媒体制作领域的一场革命,其渲染速度极快,ARTLANTIS 与 SKETCHUP、3DMAX、ArchiCAD 等建筑建模软件可以无缝链接,渲染后所有的绘图与动画影像呈现让人印象深刻。

Brazil 渲染器的目标是成为最易操纵的高性能渲染器,保持高质量高产量,以及成为以艺术为中心的顶级 CG 专业人士之选。

SolidWorks 为达索系统下的子公司专门负责研发与销售机械设计软件的视窗产品。

达索公司是负责系统性的软件供应,并为制造厂商提供具有 Internet 整合能力的支援服务。达索的 CAD 产品市场占有率居世界前列。

Maxwell Render 是一款可以不依附其他三维软件而独立运行的渲染软件,采用了光谱的计算原理,打破了长久以来光能传递等渲染技术,使结果更逼真。Maxwell 中所有的元素,如灯光发射器、材质、灯光等,都是完全依靠精确的物理模型产生的。可以纪录场景内所有元素之间相互影响的信息,所有的光线计算都是使用光谱信息和高动态区域数据来执行的。

AccuRender 是美国 Robert McNeel 公司开发的渲染软件新版本,可精确计算出阴影,用户定义的各种材料表面的透明度、漫射、反射和折射的光学效应。精确计算的光学模拟可以产生包括 16 700 000 种颜色(24 位像素),无限分辨率,十分逼真的复杂影像。由于在 AutoCAD 内部运行,具有与 AutoCAD 一致的工作环境,直观的渲染工作界面,可直接从 AutoCAD 三维模型中生成与照片类似的真实渲染图像。

HyperShot 是由 Bunkspeed 公司所出品的一款基于 luxrender 的即时着色渲染软件。即时渲染技术可以让使用者更加直观和方便地调节场景的各种效果,在很短的时间内做出高品质的渲染效果图,甚至是直接在软件中表达出渲染效果,大大缩短了传统渲染操作所需要花费的大量时间。

VRay 是由 chaosgroup 和 asgvis 公司出品,在中国由曼恒公司负责推广的一款高质量渲染软件。VRay 是目前业界最受欢迎的渲染引擎。VRay 渲染器提供了一种特殊的材质——VrayMtl。在场景中使用该材质能够获得更加准确的物理照明,更快的渲染,反射和折射参数调节更方便。

Cinema4D 是德国 MAXON 公司出品的,它是一套整合 3D 模型、动画与算图的高级三维绘图软件,一直以高速图形计算速度著名,并有令人惊奇的渲染器和粒子系统。其渲染器在不影响速度的前提下,使图像品质有了很大提高,可以面向打印、出版、设计及创造产品视觉效果。

4.2.1　图形绘制过程

我们生活在一个充满三维物体的三维世界中,为了使计算机能精确地再现这些物体,我们必须能在三维空间描绘这些物体。真实感图形绘制是计算机图形学的一个重要组成部分,它综合利用数学、物理学、计算机科学和其他科学知识在计算机图形设备上生成类似于彩色照片那样的具有真实感的图形。一般说来,用计算机在图形设备上生成真实感图形必须完成以下四个步骤。

① 建模,即用一定的数学方法建立所需三维场景的几何描述,场景的几何描述直接影响图形的复杂性和图形绘制的计算耗费。

② 将三维几何模型经过一定变换转为二维平面透视投影图。

③ 确定场景中所有可见面,运用隐藏面消隐算法,将视域外或被遮挡住的不可见面消去。

④ 计算场景中可见面的颜色,即根据基于光学物理的光照模型计算可见面投射到观察者眼中的光亮度大小和颜色分量,并将它转换成适合图形设备的颜色值,从而确定投影画面上每一像素的颜色,最终生成图形。

在计算机图形学中,图形绘制也是流水线处理的方式,称为管线(pipeline)。从概念上,图形绘制管线可以粗略地分为应用程序、几何和光栅三个阶段,每个阶段有其所要实现的功能。图形绘制过程的主要功能是在给定视点、三维物体、光源、照明模式以及纹理等诸多条件下,在输出设备上生成或绘制一幅二维图像。物体在图像中的位置与形状由其几何形状、视频位置以及环境特性等因素决定;而视觉外观则是受材料属性、光源、纹理以及光照模型的影响。

1. 应用程序阶段

应用程序阶段通过软件实现,使用高级编程语言(C、C++、Java 等)进行开发,主要和 CPU、内存打交道,诸如碰撞检测、场景图建立、空间八叉树更新、视锥裁剪等经典算法都在此阶段执行。在该阶段的末端,将需要绘制的几何体输入到绘制管线的下一阶段。这些几何体都是绘制图元(如点、线、三角形等),最终需要在输出设备上显示出来。这就是应用程序阶段最重要的任务。

对于其他阶段,因为其全部或部分是建立在硬件基础之上,所以要改变实现过程比较困难。应用程序阶段是基于软件方式实现的,因此不能像几何和光栅阶段那样分成若干个子阶段。但是为了提高性能,可以使用并行处理器进行加速。

数据总线是一个可以共享的通道,用于在多个设备之间传送数据;端口是在两个设备之间传送数据的通道;带宽用来描述端口或者总线上的吞吐量,可以用每秒字节(B/s)来度量,数据总线和端口(如加速图形端口,Accelerated Graphic Port,AGP)将不同的功能模块"粘接"在一起。由于端口和数据总线均具有数据传输能力,因此通常也将端口认为是数据总线。

2. 几何阶段

几何阶段主要负责多边形和顶点操作,如顶点坐标变换、光照、裁剪、投影以及屏幕映射,最后得到了经过变换和投影之后的顶点坐标、颜色以及纹理坐标。该阶段执行的是计算量非常高的任务,一般由 GPU 进行运算,整个过程如图 4-1 所示。

图 4-1　几何阶段处理过程

几何阶段可以进一步划分,如:模型与视点变换、光照、投影阴影、裁剪、映射。有时一个阶段又可以划分成为更细小的阶段,这取决于 GPU 本身的架构。

(1) 模型与视点变换

在屏幕上显示的过程中,模型通常需要变换到若干个不同的空间或者坐标系中。起初,模型处于自身所在的空间里,可以简单认为它没有进行任何变换,每个模型可以和一个模型变换相联系,这样就可以进行定位与定向。同一个模型还可以和几种不同的模型变换联系在一起。允许同一个模型拥有更多个变换空间,可以在同一场景中具有不同的位置、方向、大小,而不需要对基本几何体进行复杂的变换操作。常用的几个坐标系如下所示。

模型坐标系:每个物体(模型)可以有自己的坐标系,这个坐标系称为模型坐标,是在建模时确定的。

世界坐标系：为了确定物体在场景中的比例、位置和朝向，需要为场景中的物体建立一个公共的坐标系，这个坐标系称为世界坐标系。

视点坐标系：固定在观察者的双眼正中，X 轴的方向向右、Y 轴的方向向上、Z 轴的负方向与视线同向。它又被称为相机坐标系。

奇次坐标：比普通坐标高一维的坐标，与普通坐标可以相互转换。

（2）光照与着色

光秃秃的模型并不是人们想要的，为了让其看上去更加真实，可以给场景配上一些光源，同时还可以选择是否由灯光影响几何体的外观。几何模型的每个顶点或面可以填上颜色或覆盖上纹理，这样能让模型更加真实。

（3）投影

在进行完光照处理后，绘制系统就要开始进行投影操作了，目的是将视体变换为一个单位立方体。目前流行的有两种投影方法，即征投影和透视投影。

相比之下，透视投影要更为复杂一些。当物体距离视点越远，投影之后就会变得越小；此外，平行线可以在地平线处相交。

（4）裁剪与屏幕映射

当一个图元完全位于一个视体内部的时候，它可以直接进行光栅操作，但如果并非完全位于视体内部，那就要裁剪一部分再交给光栅操作了。

3. 光栅阶段

几何阶段传给光栅阶段的数据仍然是几何图形，只不过有了颜色和纹理坐标等属性，光栅阶段的任务就是利用这些图元数据为每个像素决定正确的配色，以便正确地绘制整个图像。这个过程称为光栅化或者扫描转换。对于高性能图形系统来说，光栅化阶段必须在硬件中完成。光栅化的结果是将实景体内的几何场景转化为图像。

光栅操作进行的是单个像素的操作。每个像素的信息存储在颜色缓冲器里，颜色缓冲器是一个矩阵的颜色序列（每一种颜色都可以拆分为红、绿、蓝）。对于那些高性能的GPU 来说，光栅阶段必须在硬件中完成，软件操作是异常困难且艰辛的。为了避免用户体验到对图元进行处理送到屏幕的过程，图形系统使用了双重缓冲机制，这意味着屏幕绘制是在一个后置缓冲器中以与屏幕分离的方式进行。一旦屏幕移至后端缓冲器绘制，后端缓冲器中的内容就不断与前置缓冲器中的内容进行交换。

图元经过光栅阶段的处理，从相机处看到的场景就可以在屏幕上显示出来。这些图元可以用合适的着色模型进行绘制，如果应用纹理技术，就会显示出纹理效果。

4.2.2　基本图元属性与生成

任何复杂的三维模型都是由基本的几何图元：点、线段和多边形组成，有了这些图元，可以建立比较复杂的模型。任何影响图元显示方法的参数一般称为属性参数，颜色、大小等属性参数确定了图元的基本特性。例如，线段可以是粗线或细线、蓝色或橙色；区域可以使用一种颜色或多色图案填充；文本可以按从左到右的阅读方式进行显示，也可以沿屏幕对角线的倾斜方向或是按垂直列向进行显示；每个字符可用不同字体、颜色和大小来显示；也可以在对象的边上应用亮度变化来平滑光栅阶梯效果等。

1. 点和线

点：一般情况下，可以设定点的两个属性：颜色和大小。在一个描述系统中，点的显示颜色和大小由存放在属性表中的当前值确定。颜色分量用 RGB 值或指向颜色表的索引值设定。对于光栅系统，点的大小是像素大小的一个整数倍，因此一个大的点显示成一个像素方块，默认值为一个像素。

直线与曲线：直线段可以使用颜色、线宽和线型三个基本属性来显示。线的颜色用与其他图元相同的函数设定，而线宽和线型则用单独的线函数选择。线宽也是像素大小的整数倍，而线性可以选择各种画线、点线和点画线等，另外线还可生成如画笔和画刷等其他效果。

曲线属性的参数与线段相同，可以使用各种颜色、线宽、点画线模式和有效的画笔和笔刷选择来显示曲线。曲线包括圆、椭圆、圆锥曲线以及样条曲线等。

2. 填充区属性和填充算法

区域填充是指使用不同的颜色、灰度、线条或符号填充一个有界区域，该区域可以是带孔的，也可以是不带孔的。它是计算机图形学的一个重要内容，在交互式图形设计、真实感图形显示、计算机辅助设计、图形分析等领域有着广泛的应用。传统的区域填充算法有两种，一种是通过确定横跨区域的扫描线的覆盖间隔来填充的扫描线算法，另一种是从给定的位置开始填充直到指定的边界为止的种子填充算法。

扫描线算法主要用来填充比较简单的标准多边形区域，如圆、椭圆以及其他一些简单的多边形，它对轮廓的形状有一定的要求，在处理比较复杂区域时往往失效。扫描线填色算法的基本思想是：用水平扫描线从上到下扫描由点线段构成的多边形内部区域。每根扫描线与多边形各边产生一系列交点。将这些交点按照 x 坐标进行分类，将分类后的交点成对取出，作为两个端点，将线段两端点中间部分用颜色填充。多边形被扫描完毕后，填色也就完成。

种子填充算法可以解决边界比较复杂的多边形区域填充问题。该算法的原理是：让单个像元作为填充胚，在给定的区域范围内，通过某种方法进行蔓延，最终填充满整个多边形区域。为了实现填充胚的蔓延，可采用四邻法或八邻法进行填充。

3. 字符

显示的字符外观由字体、大小、颜色和方向这些属性控制。为了在显示器等输出设备上输出字符，系统中必须装备有相应的字库。字库中存储了每个字符的形状信息，字库分为矢量型和点阵型。在点阵字符库中，每个字符由一个位图表示。矢量字符记录字符的笔画信息而不是整个位图，具有存储空间小、美观、变换方便等优点。对于字符的旋转、缩放等变换，点阵字符的变换需要对表示字符位图中的每一像素进行；而矢量字符的变换只要对其笔画端点进行变换就可以。

4.2.3　图形变换与观察

图形观察与变换是计算机图形学的重要内容，在图形生成、处理和显示过程中发挥着关键性作用。通过图形观察与变换可以由简单的图形生成复杂图形，还可以从不同角度获取图形的各个构成侧面。同时，观察变换本身也是描述图形的有力工具，可以改变和管理各种图形的显示。

1. 几何变换

几何变换提供了构造和修改图形的一种方法,图形的位置、方向、尺寸和形状等的改变都可以通过几何变换来实现,包括平移变换、旋转变换、缩放变换等。这三种变换,是通过相应的变换矩阵计算得到的。图形几何变换时,采用齐次坐标矩阵来进行描述,齐次坐标表示用 $n+1$ 维来表示 n 维。

2. 投影变换

由于三维图形无法用二维的显示器和绘图仪表示出来,所以要对图形进行投影变换,即将三维实体转换为二维图形的过程。一般地,投影是指将 n 维的点变换成小于 n 维的点。投影变换中涉及三个要素:视点、投影平面、投影线。在绘制场景之前,必须将场景中的所有相关物体投影到某个平面或简单物体上。在此之后才能进行裁剪和绘制。投影的分类如图 4-2 所示。

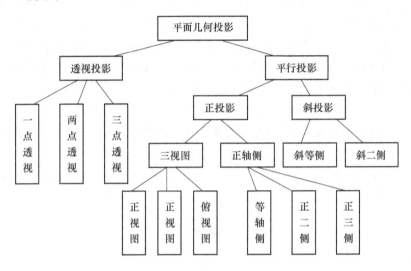

图 4-2　投影变换分类

平行投影与透视投影的区别在于投影中心和投影平面的距离不同。透视投影指视点和投影平面之间的距离是有限的,平行投影指视点和投影平面之间的距离是无限的,即视点在无穷远处。当投影中心在无限远时,投影线相互平行,所以在定义平行投影时只需要指明投影方向;而定义透视投影时,需要指明投影中心的位置和投影方向,如图 4-3 所示。

透视投影　　　　　　　　　平行投影

图 4-3　透视投影和平行投影示意图

投影面与某个坐标轴垂直时,得到的空间物体的投影为正投影(三视图),反之则为斜投影。根据三个投影平面与三个坐标轴是否垂直,将正投影分为正视图、侧视图和俯视图,其中:正视图向 XOZ 平面投影;侧视图向 YOZ 屏幕投影;俯视图向 XOY 平面投影。

在斜投影中,投影方向与投影面成 45°角,称为斜等侧;投影方向与投影面成 63°角,称为斜二侧。

4.2.4 光照

从物体表面反射或折射出来的光的强度取决于很多因素:首先是光源的性质,包括点光源、多点光源或分布光源、光的波长、光源的位置等。其次是物体的表面性质,包括物体表面形状、表面性质(反射率、折射率、光滑度等)以及一些表面细节(颜色、纹理等)。最后是物体周围的环境、视点位置以及不同人对光的感觉差异等也会对光强产生影响。它们通过对光的反射和折射形成环境光,在物体表面产生一定的照度和阴影。为了使显示的图形更加逼真,要考虑到物体表面由于光照而产生的明暗变化,这需要对物体进行光照处理。

对物体进行光照处理需要建立合适的光照模型,并通过显示算法将物体在显示器上显示出来。当光照射到一个物体的表面上时,物体对光会产生反射、投射和散射作用,物体内部还会吸收一部分光。这可用如下等式表示:

入射光＝反射光＋投射光＋散射光＋吸收光

考虑到在许多应用场合,照明光源的颜色和构成物体表面的材料并不是最关心的,所以在简单光照模型中,只考虑被照明物体的几何性质对反射和透射光的影响。用简单光反射模型模拟光,照射到物体表面时,产生了光的反射效果,它假定光源是点光源,物体是非透明体,于是投射光和散射光将近似于零。

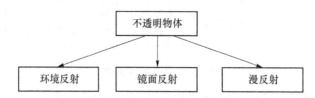

图 4-4　几种反射在物体上的共同作用

- 漫反射:当光线照射到表面粗糙、无光泽的物体上,物体表面表现为漫反射形式,即光线沿各不同方向都做相同的散射。故而从各个角度观察,物体都有相同的亮度。
- 镜面反射:光照射到光滑表面,镜面反射的光取决于入射光的角度、波长和反射表面的材料性质。
- 环境反射:光源照射到周围物体上,反射出的光照射到该物体上也能让我们看见。这种光叫环境光或泛光。环境光亮度均匀,通常由多个物体经多重反射形成,因此无法精确计算光强。在简单光照模型中,把它处理为常数。

几种光各有自己的特色,综合起来就是作用在物体上的综合光强。光照处理的基本算法包括恒定亮度法和 Gouraud 插值法。

- 恒定亮度法:是对于整个多边形只算出一个亮度值,用这个亮度显示物体上多边形所在的那个面。这种方法只适合于在某些特定条件下,如物体表面仅暴露于背景光下,没有表面图案、纹理或阴影时。
- Gouraud 插值法(亮度插值法):这种方法消除了亮度上的不连续性,它线性地改变每个多边形平面亮度,使亮度值同多边形边界相匹配,解决了相邻平面之间亮度的不连续性,在一定程度上消除了马赫带效应。但它仅能保证在多边形两侧亮度的连续性,而不能保证亮度变化的连续性,故不能完全消除马赫带效应。同时由于采用插值的方法,使得镜面反射所产生的高光效果很不理想,故 Gouraud 插值法对于只考虑漫反射的模型效果较好。

此外,进行光照处理的还有双线性插值法(Phong 插值法)、整体光照模型和光线跟踪算法、辐射度法等,而且还可派生出一些阴影生成法,来获得更好的真实感。

4.2.5　纹理贴图

纹理贴图是一个用图像、函数或其他数据源来改变表面在每一处的外观的过程。例如:我们不必用精确的几何去表现一块砖墙,而只需把一幅砖墙的图像贴到一个多边形上。只要观察者不接近这面墙,就不会注意到其中几何细节的不足(如发现砖头和泥浆在同一表面上)。通过这种方式将图像和物体表面结合起来,既节省了大量的造型工作量,也节省了内存空间,加快了绘制速度。

但是,在上述处理过程中,还会出现以下几个缺陷:

- 贴了纹理的砖图还会出现并非由于缺少几何细节而出现的不真实缺陷;
- 砖和泥浆同样发亮,实际情况是:砖石会发亮,但是泥浆不是;
- 砖是不平的,其表面通常是粗糙的。

为了弥补上述缺陷,我们要采用相关技术,如镜面高光纹理贴图、凹凸纹理等。

1. 一般纹理贴图

纹理贴图就是对物体表面属性进行建模。纹理贴图过程的起始点是空间中的一个位置,这个位置可以在世界空间中,但更经常的是在建模的参考画面中,这样,随着模型的推移,纹理也会一起跟着移动。这个空间点通过一个投影函数就能够得到一组称为参数空间值的数,从而可以用来进行纹理访问。在使用这些新值访问纹理之前,可以使用一个或多个映射函数(亦称寻址模式)将参数空间变到纹理空间中,然后使用这些纹理空间值从纹理中获取相应的值。纹理贴图的详细过程如图 4-5 所示。

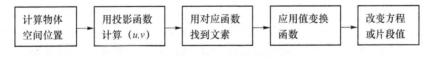

图 4-5　一般贴图流水线

纹理贴图过程的第一步是获得物体表面的位置并将其投影到参数空间中。投影函数一般是将空间三维点转化为参数坐标。通常在建模中使用的投影函数有球形、圆柱以及平面投影。

2. 图像纹理贴图

图像纹理贴图是最常用的一种纹理贴图方式。它需要将一幅二维图像有效地粘贴到多边形的表面上并进行绘制。

假设有一幅 256×256 像素大小的图像,同时希望将其作为纹理贴图贴到一个正方形上。只要在屏幕上的这个投影正方形和纹理基本一样大小,那么正方形上的纹理看上去几乎和原始图像一样。

3. 环境贴图技术

环境贴图也称反射贴图:在曲面上可以对反射效果进行很好的近似,这种技术由 Blinn 和 Newell 提出。所有的环境贴图方法都从一束来自视点的射线出发,到反射体上的一个点终止,然后这束射线以这个点处的法线为基准进行反射。

4. 凹凸贴图技术

凹凸贴图是指在三维环境中通过纹理方法来产生表面凹凸不平的视觉效果。它主要的原理是通过改变表面光照方程的法线,而不是表面的几何法线来模拟凹凸不平的视觉特征,如褶皱、波浪等。凹凸贴图的实现方法主要有:偏移向量凹凸纹理和改变高度场。

4.2.6 光栅化

在数学上,点是理想的、没有大小的;而在光栅显示设备上,像素具有可测量的大小。把一个矢量图形(如直线,圆)转换为一系列像素点的过程就称为光栅化,如图 4-6 所示。光栅化是将几何数据经过一系列变换后最终转换为像素,从而呈现在显示设备上的过程。栅是格栅,就是纵横成排的小格。点格栅分得越细,图像也就记录得越有细节。

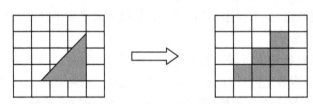

图 4-6 光栅化图示

光栅阶段的主要目的就是给每一个像素正确配色,以便正确绘制整幅图像,也就是把屏幕空间的二维顶点转化为屏幕上的像素。屏幕空间有一个 z 值(深度值),颜色和一组或多组纹理坐标,其中纹理坐标与顶点或屏幕上的像素对应。光栅进行的是单个像素的操作,每个像素利用颜色缓冲器存储颜色,z 缓冲器存储 z 值。但是还可以使用其他缓冲器来产生一些图像的不同组合,例如,alpha 通道和颜色缓冲器结合可以存储一个与每个像素相关的不透明值等。

当图元发送并通过光栅操作阶段后,从视点处看到的物体就可以在屏幕上显示出来。这些图元可以用合适的着色模型进行绘制,如果运用纹理技术,就会显示出纹理效果。

4.3　非真实感图形绘制

自从 20 世纪 60 年代计算机图形学出现开始,对仿真真实世界的追求一直是图形学界不懈努力的目标。经典的真实感图形学致力于产生仿真图像和视频,结果精确真实,但是流于古板冷酷,完美过分以至于失去灵动和感情。

非真实感绘制不同于传统的真实感绘制方法,它通常被用来表现那些不具有真实感性质的绘制形式,主要针对某种艺术风格对对象进行绘制,并且利用艺术效果对场景信息进行视觉抽象,放弃不必要的细节,集中描绘相关特征,简化物体的形状,突出场景中观察者所需要的部分,能够更好地表达所显示物体的信息,例如,图 4-7 动画片《狮子王》中的场景绘制。

图 4-7　动画片《狮子王》中的场景绘制

非真实感绘制技术作为与真实感图形学相对应的图形学分支,可以实现铅笔画、水彩画、油画、水墨画等许多艺术效果的图像,并且借助于交互手段可以更加贴切地模拟各种不同的绘画风格。

非真实感绘制主要是生成具有某种特定艺术效果的画面,对不同种类的艺术画面,其绘制技术也存在着一定的差异。非真实感绘制包括:油画模拟、水彩画模拟、铅笔画模拟、毛笔字和水墨画模拟、卡通建模等。

非真实感图形绘制的发展历程中,从单纯处理图像到利用绘元绘制,从利用图像技术到利用图形技术,从二维到三维,从仅靠软件实现到现在开始利用硬件 GPU,从不可交互到可交互,进入了稳步发展时期。

目前,非真实感绘制的研究成果已在计算机动画产业、计算机艺术和科学资料插图绘制、医学数据可视化、动植物体的三维显示等领域得到了广泛的应用,相信随着计算机软硬件技术的快速发展,这一技术必将具有广阔的发展空间和非常好的应用前景。

思考与练习

1. 什么是图形？图形的计算机表示方法和种类分别有哪些？图形与图像的联系与区别是什么？

2. 图形变换主要有哪些？各有什么作用？

3. 图形绘制过程的三个主要阶段是什么？简述几何阶段中的关键步骤及其功能。

4. 光照与着色处理的主要作用是什么？着色处理方法主要有哪些？简单说明其方法和效果。

第 5 章
数字媒体信息的输入、存储与输出技术

数字媒体技术是为实现信息社会的便捷、畅通、丰富的信息交流服务的,因此数字媒体信息的获取、存储与输出是数字媒体技术与应用的关键。由于数字媒体技术的多样性,其所涉及的信息获取、存储与输出的相关技术种类繁多,特别是针对不同的应用系统和领域通常会应用相对应的相关技术,本章中将对常见的一些相关技术进行阐述。

5.1 数字媒体信息的输入技术

用来进行数字媒体信息输入与获取的设备主要包括键盘、鼠标、光笔、跟踪球、触摸屏,语音输入和手写输入,以及适用于数字媒体不同内容与应用的其他输入和获取设备,如适用于图形绘制与输入的数字化仪,用于图片或视频获取的数字相机、数字摄像机、扫描仪、视频采集系统等,用于语音和音频输入与合成的声音系统,以及用于运动数据采集与交互的数据手套、数据衣等。

5.1.1 人机交互与文字输入设备

1. 键盘、鼠标、触摸屏

键盘是指经过系统安排操作一台机器或设备的一组键,它是计算机输入数据或命令的最基本设备,主要的功能是输入资料。依照键盘上的按键数,键盘可分为 101 键和 104 键两种,而 104 个按键的键盘又称为 Windows 95 键盘。电脑键盘是电脑的外设之一,由打字机键盘发展而来。通过键盘可以输入字符,也可以控制电脑的运行。

鼠标是一种很常用的电脑输入设备,它可以对当前屏幕上的游标进行定位,并通过按键和滚轮装置对游标所经过位置的屏幕元素进行操作。鼠标按其工作原理的不同分为机械鼠标和光电鼠标,机械鼠标主要由滚球、辊柱和光栅信号传感器组成。当你拖动鼠标时,带动滚球转动,滚球又带动辊柱转动,装在辊柱端部的光栅信号传感器采集光栅信号。

触摸屏(touch screen)又称为“触控屏”、“触控面板”,是一种可接收触头等输入信号的感应式液晶显示装置,当接触了屏幕上的图形按钮时,屏幕上的触觉反馈系统可根据预先编程的程式驱动各种连结装置,可用以取代机械式的按钮面板,并借由液晶显示画面制造出生动的影音效果。触摸屏作为一种最新的电脑输入设备,它是目前最简单、方便、自然的一种人机交互方式。它赋予了多媒体以崭新的面貌,是极富吸引力的全新多媒体交互设备。

2. 语音输入、手写输入

语音输入是根据操作者的讲话,电脑识别成文字的输入方法(又称声控输入)。它是用与主机相连的话筒读出文字的语音,也是目前人机交互最为快捷、方便的方式之一。用于实现语音输入的关键技术是语音识别。

手写识别(Handwriting Recognize),是指将在手写设备上书写时产生的有序轨迹信息转化为汉字内码的过程,实际上是手写轨迹的坐标序列到汉字的内码的一个映射过程,是人机交互最自然、最方便的手段之一。随着智能手机、掌上电脑等移动信息工具的普及,手写识别技术也进入了规模应用时代。

手写识别能够使用户按照最自然、最方便的输入方式进行文字输入,易学易用,可取代键盘或者鼠标。用于手写输入的设备有许多种,比如电磁感应手写板、压感式手写板、触摸屏、触控板、超声波笔等。

手写识别属于文字识别和模式识别范畴,文字识别从识别过程来说分成脱机识别(off-line)和联机识别(on-line)两大类,从识别对象来说又分成手写体识别和印刷体识别两大类,我们常说的手写识别是指联机手写体识别。

5.1.2 数字摄像机和数字相机

1. 数字摄像机

数字摄像机进行工作的基本原理简单来说就是光—电—数字信号的转变与传输,即通过感光元件将光信号转变成电流,再将模拟电信号转变成数字信号,由专门的芯片进行处理和过滤后得到的信息还原出来就是我们看到的动态画面了。

摄像机光学系统是摄像机重要的组成部分,它是决定图像质量的关键部件之一,也是摄像师拍摄操作最频繁的部位。摄像机的光学系统由内、外光学系统两部分组成,外光学系统便是摄像镜头,内光学系统则是由机身内部的分光系统和各种滤色片组成。

数字摄像机的感光元件能把光线转变成电荷,通过模数转换器芯片转换成数字信号,主要有两种:一种是广泛使用的CCD(电荷耦合)元件;另一种是CMOS(互补金属氧化物导体)器件。CCD或CMOS,基本上两者都是利用矽感光二极体(photodiode)进行光与电的转换。这种转换的原理与人们手上具备"太阳电能"电子计算机的"太阳能电池"效应相近,光线越强、电力越强;反之,光线越弱、电力也越弱的道理,将光影像转换为电子数字信号。由于构造上的基本差异,可以表列出两者在性能上表现的不同。CCD的特色在于充分保持信号在传输时不失真(专属通道设计),透过每一个像素集合至单一放大器上再做统一处理,可以保持资料的完整性;CMOS的制程较简单,没有专属通道的设计,因此必须先行放大再整合各个像素的资料。整体来说,CCD与CMOS两种设计的应用,反应在成像效果上,形成包括ISO感光度、制造成本、解析度、噪点与耗电量等,不同类型的差异。

2. 数字相机

数字相机,是一种利用电子传感器把光学影像转换成电子数据的照相机。数码相机与普通照相机在胶卷上靠溴化银的化学变化来记录图像的原理不同,数字相机的传感器是一种光感应式的电荷耦合器件(CCD)或互补金属氧化物半导体(CMOS)。在图像传输到计算机以前,通常会先储存在数码存储设备中。

数字相机是集光学、机械、电子一体化的产品。它集成了影像信息的转换、存储和传输等部件,具有数字化存取模式,与电脑交互处理和实时拍摄等特点。光线通过镜头或者镜头组进入相机,通过数字相机成像元件转化为数字信号,数字信号通过影像运算芯片储存在存储设备中。数码相机的成像元件是 CCD 或者 CMOS,该成像元件的特点是光线通过时,能根据光线的不同转化为电子信号。数码相机最早出现在美国,20 多年前,美国曾利用它通过卫星向地面传送照片,后来数码摄影转为民用并不断拓展应用范围。

5.1.3　扫描仪

扫描仪,是利用光电技术和数字处理技术,以扫描方式将图形或图像信息转换为数字信号的装置。扫描仪通常被用于计算机外部仪器设备,通过捕获图像并将之转换成计算机可以显示、编辑、存储和输出的数字化输入设备。扫描仪对照片、文本页面、图纸、美术图画、照相底片、菲林软片,甚至纺织品、标牌面板、印制板样品等三维对象都可作为扫描对象,提取和将原始的线条、图形、文字、照片、平面实物转换成可以编辑及加入文件中的装置。

自然界的每一种物体都会吸收特定的光波,而没被吸收的光波就会反射出去。扫描仪就是利用上述原理来完成对稿件的读取的。扫描仪工作时发出的强光照射在稿件上,没有被吸收的光线将被反射到光学感应器上。光感应器接收到这些信号后,将这些信号传送到模数(A/D)转换器,模数转换器再将其转换成计算机能读取的信号,然后通过驱动程序转换成显示器上能看到的正确图像。这就是扫描仪的工作原理。待扫描的稿件通常可分为:反射稿和透射稿。前者泛指一般的不透明文件,如报纸、杂志等,后者包括幻灯片(正片)或底片(负片)。如果经常需要扫描透射稿,就必须选择具有光罩(光板)功能的扫描仪。

扫描仪的核心部件是光学读取装置和模数(A/D)转换器。常用的光学读取装置有 CCD 和 CIS 两种。

1. CCD

CCD(Charge Coupled Device)的中文名称是电荷耦合器件,与一般的半导体集成电路相似,它在一块硅单晶上集成了成千上万个光电三极管。这些光电三极管分成三列,分别被红、绿、蓝色的滤色镜罩住,从而实现彩色扫描。光电三极管在受到光线照射时可产生电流,经放大后输出。采用 CCD 的扫描仪技术经多年的发展已相当成熟,是市场上主流扫描仪主要采用的感光元件。

CCD 的优势在于,经它扫描的图像质量较高,具有一定的景深,能扫描凹凸不平的物体;温度系数较低,对于一般的工作,周围环境温度的变化可以忽略不计。CCD 也有它的缺点:由于组成 CCD 的数千个光电三极管的距离很近(微米级),在各光电三极管之间存在着明显的漏电现象,各感光单元的信号产生的干扰降低了扫描仪的实际清晰度;由于采用了反射镜、透镜,会产生图像色彩偏差和像差,需要用软件校正;由于 CCD 需要一套精密的光学系统,故扫描仪体积难以做得很小。

2. CIS

CIS(Contact Image Sensor)的中文名称是接触式图像感应装置。它采用触点式感光元件(光敏传感器)进行感光,在扫描平台下 1~2 mm 处,300~600 个红、绿、蓝三色 LED (发光二极管)传感器紧紧排列在一起,产生白色光源,取代了 CCD 扫描仪中的 CCD 阵列、透镜、荧光管和冷阴极射线管等复杂机构,把 CCD 扫描仪的光、机、电一体变成 CIS 扫描仪的机、电一体。用 CIS 技术制作的扫描仪具有体积小、重量轻、生产成本低等优点,但 CIS 技术也有不足之处,主要是用 CIS 不能做成高分辨率的扫描仪,扫描速度也比较慢。

扫描仪的主要技术指标有分辨率、灰度级、色彩数、扫描速度、扫描幅面等。

5.1.4 数字化仪

1. 平面数字化仪

数字化仪是将图像(胶片或相片)和图形(包括各种地图)的连续模拟量转换为离散的数字量的装置,是在专业应用领域中一种用途非常广泛的图形输入设备,是由电磁感应板、游标和相应的电子电路组成。当使用者在电磁感应板上移动游标到指定位置,并将十字叉的交点对准数字化的点位时,按动按钮,数字化仪则将此时对应的命令符号和该点的位置坐标值排列成有序的一组信息,然后通过接口(多用串行接口)传送到主计算机。再说得简单通俗一些,数字化仪就是一块超大面积的手写板,用户可以通过用专门的电磁感应压感笔或光笔在上面写或者画图形,并传输给计算机系统。不过在软件的支持上它与手写板有很大的不同,硬件的设计也是各有偏重的。

数字化仪分为跟踪数字化仪和扫描数字化仪。前者种类很多,早期机电结构式数字化仪现已被全电子式(电子感应板式数字化仪)所替代。20 世纪 70 年代曾研制出半自动和全自动跟踪数字化仪,目前生产中仍以手扶跟踪数字化仪为主要设备。电磁感应式数字化仪的工作原理和同步感应器相似,利用游标线圈和栅格阵列的电磁耦合,通过鉴相方式,实现模(位移量)—数(坐标值)转换。手扶跟踪数字化仪一般有点记录、增量、时间和栅格 4 种方式。后者是逐行扫描将图像或图形数字化的机电装置,有滚筒式扫描仪和平台式扫描仪两种。扫描数字化仪比跟踪数字化仪速度快,适用于图像的全要素数字化,但其不能自动识别和人工参与图中复合要素的处理,故对图件预处理要求高,实用性差。

数字化仪的主要指标有:有效工作幅面、精度、分辨率、工作方式、显示等。

2. 三维扫描仪

三维扫描仪(3D scanner)也被称为三维数字化仪,是一种科学仪器,用来侦测并分析现实世界中物体或环境的形状(几何构造)与外观数据(如颜色、表面反照率等性质)。搜集到的数据常被用来进行三维重建计算,在虚拟世界中创建实际物体的数字模型。这些模型具有相当广泛的用途,工业设计、瑕疵检测、逆向工程、机器人导引、地貌测量、医学信息、生物信息、刑事鉴定、数字文物典藏、电影制片、游戏创作素材等方面都可见其应用。三维扫描仪的制作并非仰赖单一技术,各种不同的重建技术都有其优缺点,成本与售价也有高低之分。但并无一体通用的重建技术,仪器与方法往往受限于物体的表面特性。例如,光学技术不易处理闪亮(高反照率)、镜面或半透明的表面,而激光技术不适用于脆弱或易变质的表面。三维扫描仪大体分为接触式三维扫描仪和非接触式三维扫描仪。其中非接触式三维扫描仪又分为光栅三维扫描仪(也称拍照式三维扫描仪)和激光扫描仪。光栅三维扫描又有白光扫描或蓝光扫描等,激光扫描仪又有点激光、线激光、面激光的区别。

5.2　数字媒体信息存储技术

数字媒体对计算机速度、性能以及数据存储的要求更高,数字媒体对象的数据量一般都非常大,且具有并发性和实时性,既要考虑存储介质,又要考虑存储策略。数字存储技术的飞速发展,以及控制技术、接口标准、机械结构等方面的一系列重大改进,使得存储容量、传输速度等性能指标完全达到了数字媒体信息存储的要求,也进一步促进了数字媒体技术及其应用的发展。数字媒体技术中占主流地位的存储技术主要是磁、光及半导体存储技术。

5.2.1　磁存储技术

磁存储系统,尤其是硬磁盘存储系统是当今各类计算机系统的最主要的存储设备,在信息存储技术中占据统治地位。磁存储介质是在带状或盘状的带基上涂上磁性薄膜制成的,常用的磁存储介质有计算机磁带、计算机磁盘(软盘、硬盘)、录音机磁带、录像机磁带等。磁能存储声音、图像和热机械振动等一切可以转换成电信号的信息,它具有以下一些特点:存储频带宽广,可以存储从直流到 2 MHz 以上的信号;信息能长久保存在磁带中,可以在需要的时候重放;能同时进行多路信息的存储:具有改变时基的能力。磁存储技术被广泛地应用于科技信息工作、信息服务之中。磁存储技术为中小文献信息机构建立较大的数据库或建立信息管理系统提供了物质基础,为建立分布式微机信息网络创造了条件。

数字磁存储技术中应用最为广泛的是硬磁盘。硬盘具有容量大、体积小、速度快、价格低等优点,是数字媒体最主要的外部存储器。

1. 硬盘结构与工作原理

硬盘由磁头、磁介质盘片和驱动机组成,并加以密封。从外观上来看,只能看到一个金属盒及裸露在外的控制电路板及数据线接口、电源接口、跳线等部件。

被密封在净化腔体内的构造主要包括固定面板、电机和盘头组件等。其中盘头组件是核心部分,主要由浮动磁头组件、磁头驱动定位机构、盘片和主轴组件组成。

所有的硬盘盘片都装配在一个同心轴上,组成硬盘的数据存储载体。盘片的双面都能够记录数据,所以每面都设置有读写磁头(最上面一张盘片的上表面和最下面一张盘片的下表面通常作为保护面使用,不设置读写磁头)。磁盘工作时,主轴电机启动,主轴带动盘片做高速旋转,磁头驱动定位系统控制读写臂的伸缩,让磁头定位在要读写的数据存储位置,通过读写电路控制磁头的读写操作,从而完成硬盘的定位和读写。

2. 硬盘接口技术

硬盘接口类型有 ST506、IDE、EIDE、ESDI、Ultra-ATA、SCSI 等多种,使用最多的硬盘接口主要为 IDE 和 SCSI 两种。移动硬盘接口有 USB 和 1394 等。

(1) IDE 接口

IDE 接口即电子集成驱动器,它代表着硬盘的一种类型。ATA、UltraATA、DMA、UltraDMA 接口的硬盘都属于 IDE 硬盘。现在最常见的是 ATA/100 和 ATA/133 接口标准的硬盘。IDE 硬盘也叫作并行 ATA 硬盘,需要使用 40 芯或 80 芯的数据电缆与主板连接。

（2）SATA 接口

SATA 接口即串行 ATA 接口,具有结构简单、支持热插拔的优点。采用 SATA 接口的硬盘又叫作串口硬盘,是未来 PC 机硬盘发展的趋势。

（3）SCSI 接口

SCSI 接口即小型计算机系统接口,是一种广泛应用于小型机上的高速数据传输技术,能连接硬盘、光驱、扫描仪、打印机等多种设备。

3. RAID 技术

RAID 是英文 Redundant Array of Inexpensive Disks 的缩写,中文简称为独立磁盘冗余阵列。简单来说,RAID 是一种把多块独立的硬盘(物理硬盘)按不同的方式组合起来形成一个硬盘组(逻辑硬盘),从而提供比单个硬盘更高的存储性能和数据备份技术。组成磁盘阵列的不同方式称为 RAID 级别(RAID Levels)。数据备份的功能是在用户数据一旦发生损坏后,利用备份信息可以使损坏数据得以恢复,从而保障了用户数据的安全。在用户看来,组成的磁盘组就像是一个硬盘,用户可以对它进行分区、格式化等。总之,对磁盘阵列的操作与单个硬盘一模一样。不同的是,磁盘阵列的存储速度要比单个硬盘高很多,而且可以提供自动数据备份。虽然 RAID 包含多块硬盘,但是在操作系统下是作为一个独立的大型存储设备出现的。利用 RAID 技术于存储系统的好处主要有以下三种。

- 通过把多个磁盘组织在一起作为一个逻辑卷提供磁盘跨越功能。
- 通过把数据分成多个数据块(Block)并行写入/读出多个磁盘以提高访问磁盘的速度。
- 通过镜像或校验操作提供容错能力。

随着硬盘接口传输率的不断提高,IDE-RAID 芯片也不断地更新换代,芯片市场上的主流芯片已经全部支持 ATA 100 标准,新推出的 HPT 372 芯片和 Promise 最新的 PDC20276 芯片甚至已经可以支持 ATA 133 标准的 IDE 硬盘。在主板厂商竞争加剧、个人计算机用户要求逐渐提高的今天,在主板上板载 RAID 芯片的厂商已经不在少数,用户完全可以不用购置 RAID 卡,直接组建自己的磁盘阵列,极大地提升磁盘的读取和写入速度。

4. 磁带存储技术

常用的磁带存储技术有三类。

（1）LTO 技术

LTO(Linear Tape Open)技术,即线性磁带开放协议。是由 HP、IBM、Seagate 三家厂商在 1997 年 11 月联合制定的,其结合了线性多通道、双向磁带格式的优点,基于服务系统、硬件数据压缩、优化的磁道面和高效率纠错技术,来提高磁带的能力和性能。LTO 是一种开放格式技术,用户可拥有多项产品和多规格存储介质,还可提高产品的兼容性和延续性。

LTO 技术有两种存储格式,即高速开放磁带格式 Ultrium 和快速访问开放磁带格式 Accelis,它们可分别满足不同用户对 LTO 存储系统的要求。Ultrium 采用单轴 1/2 英寸磁带,非压缩存储容量 100 GB,传输速率最大 20 MB/s,压缩后容量可达 200 GB,而且具有增长的空间,非常适合备份、存储和归档应用。Accelis 磁带格式则侧重于快速数据存储,Accelis 磁带格式能够很好地适用于自动操作环境,可处理广泛的在线数据和恢复应用。

（2）DAT 技术

DAT(Digital Audio Tape)技术又可以称为数码音频磁带技术,也叫 4 mm 磁带机技术,DAT 使用影像磁带式技术——旋转磁头和按对角方式穿越 4 mm 磁带宽度的螺旋式扫描磁道来达到快速访问数据的目的,即使是很小的磁带盒也可达到很高的容量。这种技术后来也使用 8 mm 磁带盒。最初是由惠普公司(HP)与索尼公司(SONY)共同开发出来的。这种技术以螺旋扫描记录(Helical Scan Recording)为基础,将数据转化为数字后再存储下来,早期的 DAT 技术主要应用于声音的记录,后来随着这种技术的不断完善,又被应用在数据存储领域里。4 mm 的 DAT 经历了 DDS-1、DDS-2、DDS-3、DDS-4 几个技术阶段,容量跨度在 1～12 GB。目前一盒 DAT 磁带的存储量可以达到 12 GB,压缩后则可以达到 24 GB。DAT 技术主要应用于用户系统或局域网。

（3）DLT 技术

DLT(数字线性磁带,Digital Linear Tape)技术源于 1/2 英寸磁带机。1/2 英寸磁带机技术出现很早,主要用于数据的实时采集,如程控交换机上话务信息的记录、地震设备的震动信号记录等。DLT 磁带由 DEC 和 Quantum 公司联合开发。由于磁带体积庞大,DLT 磁带机全部是 5.25 英寸全高格式。DLT 产品由于容量大,主要定位于中、高级的服务器市场与磁带库系统。目前 DLT 驱动器的容量从 10～80 GB 不等,数据传送速度相应由 1.25～10 MB/s。另外,一种基于 DLT 的 Super DLT(SDLT)是昆腾公司 2001 年推出的格式,它在 DLT 技术基础上结合新型磁带记录技术,使用激光导引磁记录(LGMR)技术,通过增加磁带表面的记录磁道数使记录容量增加。目前 SDLT 的容量为 160 GB,近 3 倍于 DLT 磁带系列产品,传输速率为 11 MB/s,是 DLT 的 2 倍。

5.2.2　半导体存储技术

半导体存储器(semi-conductor memory)是一种以半导体电路作为存储媒体的存储器,内存储器就是由称为存储器芯片的半导体集成电路组成。按其功能可分为:随机存取存储器(RAM)和只读存储器(ROM)。RAM 包括 DRAM(动态随机存取存储器)和 SRAM(静态随机存取存储器),当关机或断电时,其中的信息都会随之丢失。DRAM 主要用于主存(内存的主体部分),SRAM 主要用于高速缓存存储器。ROM 主要用于 BIOS 存储器,按其制造工艺可分为:双极晶体管存储器和 MOS 晶体管存储器;按其存储原理可分为:静态和动态两种。它具有体积小、存储速度快、存储密度高、与逻辑电路接口容易等优点。

通常情况下,较为常见的闪存技术及可移动存储卡有以下几类。

1. 闪存(Flash RAM)

闪存是一些存储器的总称,即使当它被断电后重新打开也能保证里面的内容不丢失,是极为可靠的非易失性存储器。目前 Flash ram 主要有两种技术,分别为 NOR(或非)和

NAND(与非)。它们在应用上有所不同,因此也用于不同的场合。读取 NOR Flash 和读取常见的 SD RAM 是一样的。它的所有地址都是可见的,可以读取它任意随机地址的值。同时它和 SD RAM 一样,可以直接运行装载在 NOR Flash 里面的代码,这就是作谓的 XIP(Execute-In-Place)技术。因为 NOR Flash 有这种特性,所以它适用于小型嵌入式系统。

目前,闪存芯片的存储容量已经达到了 16 GB,采用 NAND 型闪存芯片,使用了 50 nm 制程。可以相信随着半导体和集成技术的发展,闪存芯片的容量还会大幅度地得到提升。

2. 可移动的闪存卡

(1) SM 卡

SM(Smart Media)卡是微储存卡的一种,体积较薄,仅重 1.8g,具有比较高的擦写性能。SM 卡为了节省自身的成本,存贮卡上只有 Flash Memory 模块和接口,而并没有包括控制芯片,使用时必须自己装置控制机构,因此兼容性就相对较差。SM 卡采用了 22 针的接口,使用了物理格式和逻辑格式,其中物理格式确保不同设备模型之间的兼容性,是系统和控制厂商所必须遵从的。物理格式基于 ATA 和 DOS 文件的 FAT 标准,以使得不同的系统间交换数据容易一些,但物理格式的配置会在页面大小上有所不同,这取决于内存的类型和存贮卡的容量。至于逻辑格式则采用了 DOS-FAT 格式,就是柱面磁头扇区参数、主扇区和分区等。SM 卡也具有 3.3 V 和 5 V 两种工作电压,但不可以同时支持两种电压。目前新推出的数字产品中都已没有采用该类存储卡的产品。

(2) MMC 卡

MMC 卡(Multimedia Card)翻译成中文为多媒体卡,是一种快闪存储器卡标准。在 1997 年由西门子及 SanDisk 共同开发,技术基于东芝的 NAND 快闪记忆技术,因此较早期基于 Intel NOR 快闪记忆技术的记忆卡更细小。MMC 卡大小与一张邮票差不多,约 24 mm x 32 mm x 1.5 mm。MMC 存贮卡可以分为 MMC 和 SPI 两种工作模式,MMC 模式是标准的默认模式,具有 MMC 的全部特性。而 SPI 模式则是 MMC 存贮卡可选的第二种模式,这个模式是 MMC 协议的一个子集,主要用于只需要小数量的卡(通常是 1 个)和低数据传输率(和 MMC 协议相比)的系统,这个模式可以把设计花费减到最小,但性能不如 MMC。

MMC 卡被设计作为一种低成本的数据平台和通信介质,它的接口设计非常简单:只有 7 针,接口成本低于 0.5 美元。在接口中,电源供应是 3 针,而数据操作只用 3 针的串行总线即可。

MMC 卡的操作电压为 2.7~3.6 V,写/读电流只有 27 mA 和 23 mA,功耗很低。它的读写模式包括流式、多块和单块。最小的数据传送是以块为单位的,默认的块大小为 512 bit。

(3) CF 卡

CF 卡(Compact Flash)最初是一种用于便携式电子设备的数据存储设备。作为一种存储设备,它革命性地使用了闪存,于 1994 年首次由 SanDisk 公司生产并制定了相关规范。当前,它的物理格式已经被多种设备所采用。从外形上 CF 卡可以分为两种:CF Ⅰ 型卡以及稍后一些的 CF Ⅱ 型卡。CF Ⅱ 型卡槽主要用于微型硬盘等一些其他设备。从速度上它可以分为 CF 卡、高速 CF 卡(CF+/CF 2.0 规范),更快速的 CF 3.0 标准也在 2005 年被采用。

(4) SD 卡

SD 卡(Secure Digital Memory Card),也即安全数码卡,是一种基于半导体快闪记忆器的新一代记忆设备,它被广泛地用于便携式装置,如数码相机、个人数码助理(PDA)和多媒体播放器等。SD 卡是一种存储卡,1999 年由日本松下主导概念,参与者东芝和美国 SanDisk 公司进行实质研发而完成。2000 年这几家公司发起成立了 SD 协会(Secure Digital Association,SDA),阵容强大,吸引了大量厂商参加,其中包括 IBM、Microsoft、Motorola、NEC、Samsung 等。在这些领导厂商的推动下,SD 卡已成为目前消费数码设备中应用最广泛的一种存储卡。SD 卡是具有大容量、高性能、安全等多种特点的多功能存储卡,它比 MMC 卡多了一个进行数据著作权保护的暗号认证功能(SDMI 规格),读写速度比 MMC 卡要快 4 倍,达 2 M/s。

(5) XD 卡

XD 卡(XD Picture Card)是由日本奥林巴斯株式会社和富士有限公司联合推出的一种新型存储卡,有邮票般大小、极其紧凑的外形。外形尺寸为 20 mm×25 mm×1.7 mm,总体积只有 0.85 cm³,约为 2g 重,是目前较为轻便、小巧的数字闪存卡。

(6) Memory Stick 记忆棒

记忆棒(Memory Stick)又称 MS 卡,是一种可移除式的快闪记忆卡格式的存储设备,由索尼公司制造,并于 1998 年 10 月推出市场;它亦被概括了整个 Memory Stick 的记忆卡系列。

(7) USB Flash Disk

闪存盘是一种采用 USB 接口的无须物理驱动器的微型高容量移动存储产品,它采用的存储介质为闪存(Flash Memory)。闪存盘不需要额外的驱动器,将驱动器及存储介质合二为一,只要接上电脑上的 USB 接口就可独立地存储读写数据。闪存盘体积很小,仅大拇指般大小,重量极轻,约为 20g,特别适合随身携带。

5.2.3　光盘存储技术

光盘存储技术是采用磁存储以来最重要的新型数据存储技术,以其标准化、容量大、寿命长、工作稳定可靠、体积小、单位价格低及应用多样化等特点成为数字媒体信息的重要载体。光盘存储技术是采用光学方式来记录和读取二进制信息的。

1. 光盘

光盘,即高密度光盘(Compact Disc)是近代发展起来不同于磁性载体的光学存储介质,用聚焦的氢离子激光束处理记录介质的方法存储和再生信息,又称激光光盘。由于软盘的容量太小,光盘凭借大容量得以广泛使用。常见的光盘极薄,它只有 1.2 mm 厚,但却包括了很多内容。CD 光盘主要分为五层,其中包括基板、记录层、反射层、保护层、印刷层等。

2. 蓝光存储技术

蓝光,也称蓝光光碟,英文翻译为 Blu-ray Disc,经常被简称为 BD,是 DVD 之后下一时代的高画质影音存储光盘媒体(可支持 Full HD 影像与高音质规格)。蓝光或称蓝光盘利用波长较短的蓝色激光读取和写入数据,并因此而得名。蓝光极大地提高了光盘的存储容量,对于光存储产品来说,蓝光提供了一个跳跃式发展的机会。在这之前,以东芝为代表的 HD-DVD 与蓝光光碟(Blu-ray Disc)相似,盘片均是和 CD 同样大小(直径为120 mm)的光学数字存储媒介,使用 405 nm 波长的蓝光。

5.3 数字媒体信息输出技术

随着数字媒体应用领域的拓展和深入,数字媒体信息输出技术也得到了飞速的发展,新技术和新设备不断涌现,为数字媒体内容提供了越来越丰富和人性化的展示平台。

5.3.1 显示技术

显示设备是数字媒体信息,特别是图像与视频信息最主要的输出设备之一,且是数字媒体信息交互的主要渠道。显示设备的种类繁多、性能各异,按显示器的发光性质可分为 CRT、LCD 和 PDP 等。

1. 阴极射线管显示器(CRT)

CRT 显示器学名为"阴极射线显像管",是一种使用阴极射线管(Cathode Ray Tube)的显示器,主要由五部分组成:电子枪(Electron Gun),偏转线圈(Deflection coils),荫罩(Shadow mask),高压石墨电极和荧光粉涂层(Phosphor)及玻璃外壳。它是应用最广泛的显示器之一。CRT 纯平显示器具有可视角度大、无坏点、色彩还原度高、色度均匀、可调节的多分辨率模式、响应时间极短等 LCD 显示器难以超过的优点,而且价格更便宜。

CRT 显示器是靠电子束激发屏幕内表面的荧光粉来显示图像的,由于荧光粉被点亮后很快会熄灭,所以电子枪必须不断循环地激发这些点。

首先,在荧光屏上涂满了按一定方式紧密排列的红、绿、蓝三种颜色的荧光粉点或荧光粉条,称为荧光粉单元,相邻的红、绿、蓝荧光粉单元各一个为一组,学名称之为像素。每个像素中都拥有红、绿、蓝(R、G、B)三基色。

CRT 显示器用电子束来进行控制和表现三原色原理。电子枪工作原理是由灯丝加热阴极,阴极发射电子,然后在加速极电场的作用下,经聚焦积聚成很细的电子束,在阳极高压作用下,获得巨大的能量,以极高的速度去轰击荧光粉层。这些电子束轰击的目标就是荧光屏上的三基色。为此,电子枪发射的电子束不是一束,而是三束,它们分别受电脑显卡 R、G、B 三个基色视频信号电压的控制,去轰击各自的荧光粉单元。受到高速电子束的激发,这些荧光粉单元分别发出强弱不同的红、绿、蓝三种光。根据空间混色法(将三个基色光同时照射同一表面相邻很近的三个点上进行混色的方法)产生丰富的色彩,这种方法利用人们眼睛在超过一定距离后分辨力不高的特性,产生与直接混色法相同的效果。用这种方法可以产生不同色彩的像素,而大量的不同色彩的像素可以组成一张漂亮的画面,而不断变换的画面就成为可动的图像。通常实现扫描的方式很多,如直线式扫描,圆形扫描,螺旋扫描等。其中,直线式扫描又可分为逐行扫描和隔行扫描两种。事实上,在

CRT 显示系统中两种都有采用。逐行扫描是电子束在屏幕上一行紧接一行从左到右的扫描方式,是比较先进的一种方式。而隔行扫描中,一张图像的扫描不是在一个场周期中完成的,而是由两个场周期完成的。无论是逐行扫描还是隔行扫描,为了完成对整个屏幕的扫描,扫描线并不是完全水平的,而是稍微倾斜的。为此电子束既要做水平方向的运动,又要做垂直方向的运动。前者形成一行的扫描,称为行扫描,后者形成一幅画面的扫描,称为场扫描。

　　然而在扫描的过程中,要保证三支电子束准确击中每一个像素,就要借助于荫罩(Shadow mask),它大概在荧光屏后面(从荧光屏正面看)约 10 mm 处,是厚度约为 0.15 mm 的薄金属障板。它上面有很多小孔或细槽,它们和同一组的荧光粉单元即像素相对应。三支电子束经过小孔或细槽后只能击中同一像素中的对应荧光粉单元,因此能够保证彩色的纯正和正确的会聚。偏转线圈(Deflection coils)可以协助完成非常高速的扫描动作,它可以使显像管内的电子束以一定的顺序,周期性地轰击每个像素,使每个像素都发光,而且只要这个周期足够短,也就是说对某个像素而言电子束的轰击频率足够高,就会呈现一幅完整的图像。至于画面的连续感,则是由场扫描的速度来决定的,场扫描越快,形成的单一图像越多,画面就越流畅。而每秒钟可以进行多少次场扫描通常是衡量画面质量的标准,通常用帧频或场频(单位为 Hz)来表示,帧频越大,图像越有连续感。24 Hz 场频能够保证对图像活动内容的连续感觉,48 Hz 场频能够保证图像显示没有闪烁的感觉,这两个条件同时满足,才能显示效果良好的图像。

2. 液晶显示器(LCD)

　　液晶显示器(Liquid Crystal Display,LCD)的构造是在两片平行的玻璃基板当中放置液晶盒,下基板玻璃上设置 TFT(薄膜晶体管),上基板玻璃上设置彩色滤光片,通过 TFT 上的信号与电压改变来控制液晶分子的转动方向,从而达到控制每个像素点偏振光出射与否而达到显示目的。现在 LCD 已经替代 CRT 成为主流。

　　LCD 显示器有其独特的工作原理。普遍认为,物质有固态、液态、气态三种形态,液体分子质心的排列虽然不具有任何规律性,但是如果这些分子是长形的(或扁形的),它们的分子指向就可能有规律性。于是我们就可将液态又细分为许多形态。分子方向没有规律性的液体我们直接称为液体,而分子具有方向性的液体则称之为“液态晶体”,又简称“液晶”。液晶产品其实对我们来说并不陌生,我们常见到的手机、计算器都是属于液晶产品。液晶是在 1888 年,由奥地利植物学家莱尼茨尔(Reinitzer)发现的,是一种介于固体与液体之间,具有规则性分子排列的有机化合物。一般最常用的液晶形态为向列型液晶,分子形状为细长棒形,长宽约 1~10 nm,在不同电流电场作用下,液晶分子会做规则旋转 90°排列,产生透光度的差别,如此在电源 ON/OFF 下产生明暗的区别,依此原理控制每个像素,便可构成所需图像。

　　相对于其他的显示器低压微功耗,LCD 具有外观小巧精致,被动显示型,不伤眼,显示信息量大且易于彩色化,无电磁辐射和长寿命等优点,随着其制造成本的降低,LCD 显示器早已成为市面上最主流的显示设备。

3. 等离子体显示器(PDP)

　　等离子显示器,与传统的 CRT 显像管结构相比,具有分辨率高,屏幕大,超薄,色彩丰富、鲜艳等特点。虽然目前 PDP 显示器的价格还非常的高,尚不普及,但是由于它自身所有的一些特点,使它将有可能在将来成为一种重要的显示输出设备,占据大屏幕显示市场。

等离子体显示器的基本原理是在两张玻璃板之间注入电压,产生气体及肉眼看不到的紫外线,使荧光粉发光,利用这个原理呈现画面。由于 PDP 各个发光单元的结构完全相同,因此不会出现显像管常见的图像几何畸变。PDP 屏幕的亮度十分均匀,且不会受磁场的影响,具有更好的环境适应能力。另外,PDP 屏幕不存在聚焦的问题,不会产生显像管的色彩漂移现象,表面平直使大屏幕边角处的失真和色纯度变化得到彻底改善。PDP 显示有亮度高、色彩还原性好、灰度丰富、对迅速变化的画面响应速度快等优点。可以在明亮的环境之下欣赏大画面电视节目。另外,PDP 显示屏的视角高达 160°,观赏范围大大宽于显示器。不过 PDP 最吸引人的地方还是它的轻薄外形。和目前普通的 CRT 显示器相比,在相同的屏幕的尺寸下,PDP 的厚度仅为 CRT 显示器的 1/6,重量为其 1/10,因此非常的节省空间,可安装在任何需要安装的地方,甚至可以将它挂在墙上。LCD 采用的是薄膜显示技术,无法将显示面积做得很大,20 英寸左右目前已是极限了。而 PDP 采用的是厚膜技术,它的尺寸可以充分地做大,目前基本上到达 40~70 英寸。

5.3.2 打印机和绘图仪

一般把能将信息可刷新地显示在媒介上的显示方式称为软拷贝,如显示器等,而把打印机、绘图仪等能将信息永久记录在纸上的各种记录方式称为硬拷贝。

1. 打印机

打印机(Printer)是计算机的输出设备之一,用于将计算机处理结果打印在相关介质上。衡量打印机好坏的指标有三项:打印分辨率,打印速度和噪声。打印机的种类很多,按打印元件对纸是否有击打动作,分击打式打印机与非击打式打印机。按打印字符结构,分为全形字打印机和点阵字符打印机。按一行字在纸上形成的方式,分串式打印机与行式打印机。按所采用的技术,分柱形、球形、喷墨式、热敏式、激光式、静电式、磁式、发光二极管式等打印机。

2. 绘图仪

绘图仪是一种输出图形的硬拷贝设备。绘图仪在绘图软件的支持下可绘制出复杂、精确的图形,是各种计算机辅助设计不可缺少的工具。绘图仪的性能指标主要有绘图笔数、图纸尺寸、分辨率、接口形式及绘图语言等。

绘图仪一般是由驱动电机、插补器、控制电路、绘图台、笔架、机械传动等部分组成。绘图仪除了必要的硬设备之外,还必须配备丰富的绘图软件。只有软件与硬件结合起来,才能实现自动绘图。软件包括基本软件和应用软件两种。绘图仪的种类很多,按结构和工作原理可以分为滚筒式和平台式两大类:①滚筒式绘图仪。当 X 向步进电机通过传动机构驱动滚筒转动时,链轮就带动图纸移动,从而实现 X 方向运动。Y 方向的运动,是由 Y 向步进电机驱动笔架来实现的。这种绘图仪结构紧凑,绘图幅面大。但它需要使用两侧有链孔的专用绘图纸。②平台式绘图仪。绘图平台上装有横梁,笔架装在横梁上,绘图纸固定在平台上。X 向步进电机驱动横梁连同笔架,做 X 方向运动;Y 向步进电机驱动笔架沿着横梁导轨,做 Y 方向运动。图纸在平台上的固定方法有 3 种,即真空吸附、静电吸附和磁条压紧。平台式绘图仪绘图精度高,对绘图纸无特殊要求,应用比较广泛。

5.3.3　三维图像显示技术

近些年来,随着信息技术的发展,三维图像的显示技术已经获得了突破性的进展,在数字媒体领域,尤其是在虚拟现实技术中得到了广泛的应用,目前最新的数据显示技术已经能够实现真三维的立体显示。

在生活中,我们最常见的三维显示方式是采用二维的屏幕来显示旋转的二维图像,以表现三维效果。然而这只是一种心理上的三维,人们认为真正的三维显示技术主要有以下两种。

1. 立体镜显示技术

立体镜显示技术可分为沉浸式和半沉浸式,其基本原理为,通过双目观察,将两幅图像分别送到两只眼睛,然后通过大脑将其组合,从而产生三维物体的感觉。

(1) 头戴式可视设备

头戴式可视设备(Head Mount Display)是头戴虚拟显示器的一种,又称眼镜式显示器、随身影院。这是一种通俗的叫法,因为眼镜式显示器外形像眼镜,同时专为大屏幕显示音视频播放器的视频图像,所以形象地称呼其为视频眼镜(video glasses)。视频眼镜最初应用于军事上。目前的视频眼镜犹如当初大哥大手机所处的阶段和地位,未来在 3C 融合大发展的情况下将获得非常迅猛的发展。

(2) 立体眼镜

立体眼镜也被称之为 3D 眼镜,它采用了当今最先进的"时分法"技术,通过 3D 眼镜与显示器同步的信号来实现。当显示器输出左眼图像时,左眼镜片为透光状态,而右眼为不透光状态,而在显示器输出右眼图像时,右眼镜片透光而左眼不透光,这样两只眼镜就看到了不同的游戏画面,达到欺骗眼睛的目的。以这样地频繁切换来使双眼分别获得有细微差别的图像,经过大脑计算从而生成一幅 3D 立体图像。3D 眼镜在设计上采用了精良的光学部件,与被动式眼镜相比,可实现每一只眼睛双倍分辨率以及很宽的视角。

(3) 自动立体镜显示

自动立体镜显示技术又称为裸眼 3D 技术,所谓的自动立体镜显示器是一种不需要眼镜的视差式立体显示器,它在液晶显示器表面覆盖一层透镜阵列,通过透镜的折射作用把两幅稍有差别的图像分别送到观察者的左右眼中,从而使观察者产生立体感。

2. 真三维显示技术

真三维显示技术主要有立体显示技术和全息技术。立体显示技术解决了立体镜显示技术的一个共同的问题,即无法提供深度感的问题。基于这种显示技术,可以直接观察到具有物理景深的三维图像,真三维立体显示技术图像逼真,具有全视景、多角度、多人同时观察和实时交互等众多优点。

根据成像空间构成方式的不同,可以把真三维立体显示技术分为静态成像技术和动态体扫描技术两种,静态体成像技术的成像空间是一个静止不动的立体空间,而动态体扫描技术的成像空间是一个依靠显示设备的周期性运动构成的。

(1)静态成像技术

在一个由特殊材料制造的透明立体空间里,一个激励源把两束激光照到成像空间上,经过折射,两束光相交到一点,便形成了组成立体图像的具有自身物理景深的最小单位——体素,每个体素点对应构成真实物体的一个实际的点,当这两束激光束快速移动时,在成像空间中就形成了无数交叉点,这样,无数个体素点就构成了具有真正物理景深的真三维立体图像。这就是真三维立体显示的静态成像技术原理。

(2)动态体扫描技术

动态体扫描技术是依靠显示设备的周期性运动构成成像空间,如屏幕的平移、旋转等运动来形成立体的成像空间。在改技术中,通过一定方式把显示的立体图像用二维切片的方式投影到一个屏幕上,该屏幕同时做高速的平移或旋转运动,由于人眼的视觉暂留,从而在人眼观察到的不是离散的二维图片,而是由它们组成的三位立体图像。因此,使用这种技术的立体系统可以实现图像的真三维显示。根据屏幕的运动方式可以将动态扫描显示分为平移体扫描显示技术和旋转体扫描显示技术。

真三维立体显示技术是一种全新的三维图像显示技术,基于这种显示技术直接观察到具有物理景深的三维图像,该技术具有全视景、多角度、多人同时观察,即时交互等众多优点,它将引领科学可视化进入崭新的发展方向,具有广阔的应用前景。

思考与练习

1. 数字媒体信息的获取技术主要有哪些?

2. 什么是数字化仪?说明其主要的应用领域。

3. 简述主要的硬盘接口技术。

4. 什么是 RAID 技术?其主要的优越性是什么?列举常见的 RAID 结构,并加以简述。

5. 什么是三维图像显示技术?主要的实现方法有哪些?试说明其基本的工作原理。

第6章
数字媒体传播技术

人类社会是建立在信息交流的基础之上的,信息传播是推动人类社会文明、进步与发展的巨大动力。数字媒体传播技术为数字媒体所包含的丰富又多彩的信息提供了传递与交流的平台,是数字媒体技术至关重要的组成部分,是信息时代的生命线。

数字传播技术融合了现代通信技术与计算机网络技术,为数字时代的信息交流提供了更为快捷、便利、有效的传播手段。

6.1 数字传播技术基础

6.1.1 传播系统与传播方式

信息的传播是基于固有的数学模式的,这一模式是由美国贝尔实验室的香农(ClaudeShannon)提出的。开始,由于香农的工作背景,他只对传播的技术感兴趣。后来,他与韦弗(WarrenWeaver)合作研究,使得这个模式在其他传播问题上有了更广泛的应用。这个模式通常称为香农-韦弗的传播模式。之后的研究人员在此基础上开发了许多传播模式,但是香农-韦弗模式让我们能确定并分析传播过程的各个重要阶段和传播要素,如图6-1所示。因此,一般我们认为它为众多传播过程模式打下了基础。

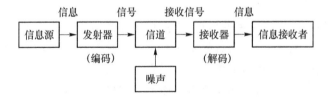

图 6-1 香农-韦弗模式

1. 传播系统

在香农-韦弗模式中,传播系统是传递信息所需要的一切技术设备的总和。在这个模式中,传播被描述为一种线性的单向过程,包括了信息源、发射器、信道、接收器、信息接收者以及噪声六个因素,这里的发射器和接收器起到了编码和译码的功能。在信号被传递时,还有一些噪声来源对它起作用。噪声不是信源有意传送而附加在信号上面的任何东西。它指的是一切传播者意图以外的、对正常信息传递的干扰。构成噪声的原因既可能是机器本身的故障,也可能是来自外界的干扰。"噪声"概念的引入,是这一模式的一大优点。

2. 传播方式

传播方式有许多种分类方法。但是,我们较为常用的有以下三种。

(1) 按照消息传递的方向与时间

传播方式按照消息传递的方向与时间可分为单工、半双工和全双工工作方式。单工是指消息只能单方向进行传播的工作方式,如广播、遥控等方式。半双工是指通信双方都能收发信息,但却无法同时进行收和发的工作方式,如工作在同一个频点的对讲机等。全双工是指通信双方可同时进行双向传输消息的工作方式,如电话等。

(2) 按照数字信号排列的顺序

在数字系统中,按数字信号排列的顺序可分为串序传输和并序传输。串序传输是指代表消息的数字信号序列按时间顺序逐个在信道中传输的方式;如果将代表消息的数字信号序列分割成两路或两路以上的数字信号序列同时在信道中进行传输,则称为并序传输方式。一般的数字传播方式大多采用串序的传输方式,其只需占用一条通路。并序传输则需要占用两条以上的通路,例如,占用多条传输导线或多条频率分割的通路。

(3) 按照传递方式

传播方式按照传递方式可分为单播、组播、广播、P2P。单播是指只向一个受信者传递消息,受信者可以随意控制自己播放内容。组播通常也被称为多播,它提供了一种给一组指定受信者传送消息的方法。广播是多点消息传递的最普遍的形式,它不限定受信者,但受信者只能选择播放的内容而无法控制其播放。P2P也就是点对点的消息传递。P2P技术源于文件交换技术,是一种用于不同计算机用户之间、不经过中继设备直接交互数据或服务的技术。它打破了传统的客户机/服务器模式,在对等网络中每个节点的地位都是相同的。具备客户端和服务器双重特性,可以同时作为服务使用者和服务提供者。P2P的扩展性高,实现方式灵活多样。

6.1.2 通信网及相关技术

数字媒体作为一种新型媒体的出现,它在传播方式方面也带有自身的特性。通信网作为数字媒体的主要平台之一,其目的是使一个用户能在任何时间、以任何方式、与任何地点的任何人、实现任何形式的信息交流。随着通信技术的发展,通信网业务已从传统的电话,发展到集声音、影视、图文和数据为一体的各种综合信息服务。

通信网络形式可以分为三种:两点间直通方式、分支方式及交换方式。其中直通方式是通信网络中最为基础也最为简单的一种形式,即两处终端之间的线路是专用的;在分支方式中,每一处终端经过同一信道与转接站相互连接,终端间不能够直通信息,须经转接站转接,这种方式只在数字通信中出现;交换方式是终端间通过交换设备灵活地进行线路交换的一种方式,能够实现消息交换。

通信网是一种使用交换设备、传输设备,将地理上分散用户终端设备互连起来实现通信和信息交换的系统,因此,终端设备、传输设备和交换设备也被称为通信网组成的三要素。终端设备主要将所需要传递的信息转换为电信号。每一通信网系统都会有相应的终端设备,随着各种通信新业务的出现,新型终端设备不断涌现。传输系统主要用来传输带有信息的信号,基本上可以分为两类:一类是用户传输系统;另一类是中继传输系统。用户传输系统中的传输媒介主要有对绞线、电缆、光缆和无线方式。中继传输系统中主要的传输媒介是电缆盒、光缆等,也可以采用无线方式,如微波、卫星传输等。交换系统是通信网的中枢,用以实现信号的交换。通信网的交换方式可分为三类:电路交换、报文交换和分组交换。在现代通信中,电话网所采用的交换方式是电路交换,而数据网和计算机网则通常采用分组交换方式。

6.1.3　计算机网络基础

计算机网络,是指将地理位置不同的具有独立功能的多台计算机及其外部设备,通过通信线路连接起来,在网络操作系统、网络管理软件及网络通信协议的管理和协调下,实现资源共享和信息传递的计算机系统。换而言之,它是由计算机设备、通信设备、终端设备等网络硬件及软件组成的大型计算机系统。计算机网络是现代通信技术与计算机技术相结合的产物。通信网络为计算机之间的数据传递和交换提供了必要的手段,而数字计算技术的发展渗透到通信技术,同时也提高了通信网络的各种性能。

网络互联是指将两个以上的计算机网络,通过一定的方法,用一种或多种通信处理设备相互连接起来,以构成更大的网络系统。网络互联的形式有局域网与局域网,局域网与广域网,局域网与广域网与局域网,广域网与广域网的互联四种。网络互联是将分布在不同地理位置的网络、网络设备连接起来,构成更大规模的网络系统,以实现网络的数据资源共享。相互连接的网络可以是同种类型的网络,也可以是运行不同网络协议的异型系统。通常,网络之间的互联都是基于 TCP/IP 协议而构成的。

1. 计算机网络的组成

从计算机技术的标准来看,计算机网络由网络硬件和软件组成。网络硬件是计算机网络系统的物质基础,主要的网络硬件有服务器、工作站、连接设备和传输媒介等。网络软件是实现网络功能所不可缺少的软环境,通常包括网络操作系统和网络协议软件等。网络操作系统是运行在网络硬件基础之上的,为网络用户提供共享资源管理服务、基本通信服务、网络系统安全服务及其他网络服务的软件系统。网络操作系统是网络的核心,其他应用软件都需要网络操作系统的支持才能运行。连入网络的计算机依靠网络协议实现相互之间的通信,而网络协议需要依靠具体的网络协议软件的运行支持才能工作。

从计算机网络各组成部件的功能来看,其主要承担网络通信和资源共享这两类功能。计算机网络中实现网络通信功能的设备与软件的集合称为网络的通信子网,其主要任务是将计算机连接起来,完成数据之间的交换和通信处理,主要包括通信线路、网络连接设备、网络通信协议、通信控制软件等,即通信子网负责整个网络的数据通信部分。而网络中实现资源共享的设备和软件的集合称为资源子网,负责全网面向应用的数据处理工作,向用户提供数据处理、数据存储、数据管理等,即资源子网是各种网络资源的集合。

按照计算机网络规模和所覆盖的地理范围对其分类,可以很好地反映不同类型网络的技术特征。由于网络覆盖的地理范围不同,所采用的传输技术也有所不同,因此形成了不同的网络技术特点和网络服务功能。按覆盖地理范围的大小,可以把计算机网络分为局域网、城域网和广域网,图 6-2 所示。

网络分类	分布距离	跨越地理范围	带宽
局域网(LAN)	10 m	房间	10 Mbit/s～x Gbit/s
	200 m	建筑物	
	2 km	校园内	
城域网(MAN)	100 km	城市	64 kbit/s～x Gbit/s
广域网(WAN)	1 000 km	国家、洲或洲际	64 kbit/s～625 Mbit/s

图 6-2   网络分类图

在表 6-2 中,大致给出了各类网络的传输速率范围。总的规律是距离越长,速率越低。局域网距离越短,传输速率最高。一般来说,传输速率是关键因素,它极大地影响着计算机网络硬件技术的各个方面。例如,广域网一般采用点对点的通信技术,而局域网采用广播式通信技术。在距离、速率和技术细节的相互关系中,距离影响速率,速率影响技术细节。IT 界习惯从网络规划、建设和应用的角度用按分布距离对计算机网络进行分类的方法,即把网络分为局域网、城域网和广域网等。

2. 计算机网络体系结构

网络体系结构是计算机网络的分层、各层协议和层间接口的集合。不同的计算机网络具有不同的体系结构,层的数量,各层的名字、内容和功能以及各相邻层之间的接口也是不同的。然而,在任意网络中,每一层都是为了向它邻接的上层(即相邻高层)提供一定的服务而设置的,而且,每一层都对上层屏蔽如何实现协议的具体细节。基于这种结构,网络体系结构就能做到与具体的物理实现无关,连接到网络中的型号和性能各不相同的主机和终端,只要所遵循的协议相同,就可以实现互相通信和互相操作。

3. ISO / OSI 参考模型

开放系统互联参考模型(OSI/RM)是由国际标准化组织(ISO)为网络通信制定的协议,通常也称其为 ISO/OSI 参考模型。其基本思想是将服务、接口和协议三个概念分离开。服务描述了每一层的功能,接口定义了某层提供的服务如何被高层访问,而协议是每一层功能的实现方法。OSI 模型将网络功能划分为七层,在体系结构中,低层协议为相邻的高层协议提供服务,高层协议作为低层协议的用户而存在。

- 物理层保证在通信信道上传输原始比特。物理层协议规定传输媒介本身及与其相连的机械和电气接口。这些接口和传输媒介必须保证发送和接收信号的一致性。

- 数据链路层加强物理层原始比特流的传输功能,使之对网络呈现为一条无差错链路。数据链路层把数据分装在不同的数据帧中发送,并处理接收端送回的确认帧。为了保证传输和接收的数据帧的正确性,数据链路层协议还须完成流量控制和差错处理的工作。

- 网络层完成对通信子网的运行控制,主要负责选择从发送端传输数据包到达接收端的路由。

- 传输层为 OSI 网络体系结构中最为核心的一层,它把实际使用的通信子网与高层应用分开,提供发送端和接收端之间高可靠、低成本的数据传输。
- 会话层使用传输层提供的可靠的端到端通信服务,并增加一些用户所需要的附加功能和建立不同终端上的用户之间的会话联系。
- 表示层完成被传输数据的表示和解释工作。
- 应用层包含用户普通需要的应用服务。

4. TCP / IP 参考模型

TCP/IP 协议是为互连的各类计算机提供透明通信和可互操作性服务的一组软件,它受到各类计算机硬件和操作系统的普遍支持。其中的 IP 协议用来给各种不同的通信子网或局域网提供一个统一的互联平台,TCP 协议则用来为应用程序提供端到端的通信和控制功能。

基于 TCP/IP 协议的网络体系结构分为四层。

- 网络接口层由物理层和网络接入层组成,是最低层,包括网络接口协议和物理网协议,负责数据帧的发送和接收。
- 网际层用于解决计算机到计算机之间的通信。
- 传输层用于解决计算机程序到计算机程序之间的通信问题。
- 应用层是最高层,应用程序通过该层访问网络。

5. IP 协议

IP 是互联网络协议的简称,位于 TCP/IP 模型的网络层中,对应于 OSI 模型的网络层。IP 协议提供尽力发送服务,即把数据从源端发送到目的端时,对于因网络数据、链路故障等丢失或出错的数据包,IP 协议无能为力,而且,IP 协议仅具有有限的报错功能,数据包的差错检测和回复由 TCP 来完成。

6.2　流媒体技术

流媒体技术也称流式媒体技术。所谓流媒体技术就是把连续的影像和声音信息经过压缩处理后放上网站服务器,让用户一边下载一边观看、收听,而不要等整个压缩文件下载到自己的计算机上才可以观看的网络传输技术。该技术先在使用者端的计算机上创建一个缓冲区,在播放前预先下一段数据作为缓冲,在网络实际连线速度小于播放所耗的速度时,播放程序就会取用一小段缓冲区内的数据,这样可以避免播放的中断,也使得播放品质得以保证。

6.2.1　流媒体的原理与基本组成

流媒体是指在数据网络上按时间先后次序传输和播放的连续音/视频数据流。以前人们在网络上观看电影或收听音乐时,必须先将整个影音文件下载并存储在本地计算机上,然后才可以观看。与传统的播放方式不同,流媒体在播放前并不下载整个文件,只将部分内容缓存,使流媒体数据流边传送边播放,这样就节省了下载等待时间和存储空间。流媒体数据流具有连续性、实时性、时序性三个特点,即其数据流具有严格的前后时序关系。流式传输的实现需要缓存,因为 Internet 以包传输为基础进行断续的异步传输,对一个实时 A/V 源或存储的 A/V 文件,在传输中要被分解为许多包,由于网络是动态变化的,各个包选择的路由可能不尽相同,故到达客户端的时间延迟也就不等,甚至先发的数据包还有可能后到。为此,使用缓存系统来弥补延迟和抖动的影响,并保证数据包的顺序正确,从而使媒体数据能连续输出,而不会因为网络暂时拥塞,使播放出现停顿。通常,高速缓存所需容量并不大,因为高速缓存使用环形链表结构来存储数据。通过丢弃已经播放的内容,流媒体可以重新利用空出的高速缓存空间来缓存后续尚未播放的内容。

通常,组成一个完整的流媒体系统包括以下 5 个部分:①一种用于创建、捕捉和编辑多媒体数据,形成流媒体格式的编码工具;②流媒体数据;③一个存放和控制流媒体数据的服务器;④适合多媒体传输协议甚至是实时传输协议的网络;⑤供客户端浏览流媒体文件的播放器。

当前,流媒体技术已经极为成熟,不同的流媒体标准和不同公司会根据自身的需求去寻求不同的解决方案,但也大都是由流媒体基本理论与系统组成发展而来的。

6.2.2 流式传输与播送方式

1. 流式传输

流式传输主要指通过网络传送媒体(如视频、音频)的技术总称。其特定含义为通过 Internet 将影视节目传送到 PC 机。实现流式传输有两种方法:顺序流式传输(Progressive streaming)和实时流式传输(Realtime streaming)。一般说来,如视频为实时广播,或使用流式传输媒体服务器,或应用如 RTSP 的实时协议,即为实时流式传输。如使用 HTTP 服务器,文件即通过顺序流发送。

(1) 顺序流式传输

顺序流式传输是顺序下载,在下载文件的同时用户可观看在线媒体,在给定时刻,用户只能观看已下载的那部分,而不能跳到还未下载的前头部分,顺序流式传输不像实时流式传输在传输期间根据用户连接的速度做调整。由于标准的 HTTP 服务器可发送这种形式的文件,也不需要其他特殊协议,它经常被称为 HTTP 流式传输。顺序流式传输比较适合高质量的短片段,如片头、片尾和广告,由于该文件在播放前观看的部分是无损下载的,这种方法保证电影播放的最终质量。这意味着用户在观看前,必须经历延迟,对较慢的连接尤其如此。

对通过调制解调器发布短片段,顺序流式传输显得很实用,它允许用比调制解调器更高的数据速率创建视频片段。尽管有延迟,但毕竟可发布较高质量的视频片段。

顺序流式文件放在标准 HTTP 或 FTP 服务器上,易于管理,基本上与防火墙无关。顺序流式传输不适合长片段和有随机访问要求的视频,如:讲座、演说与演示。它也不支持现场广播,严格说来,它是一种点播技术。

(2) 实时流式传输

实时流式传输指保证媒体信号带宽与网络连接配匹,使媒体可被实时观看到。实时流与 HTTP 流式传输不同,它需要专用的流媒体服务器与传输协议。实时流式传输总是实时传送,特别适合现场事件,也支持随机访问,用户可快进或后退以观看前面或后面的内容。理论上,实时流一经播放就可不停止,但实际上,可能发生周期暂停。

实时流式传输必须配匹连接带宽,这意味着在以调制解调器速度连接时图像质量较差。而且,由于出错丢失的信息被忽略掉,在网络拥挤或出现问题时,视频质量很差。如欲保证视频质量,顺序流式传输也许更好。实时流式传输需要特定服务器,如 QuickTime Streaming Server、RealServer 与 Windows Media Server。这些服务器允许对媒体发送进行更多级别的控制,因而系统设置、管理比标准 HTTP 服务器更复杂。实时流式传输还需要特殊网络协议,如:RTSP(Realtime Streaming Protocol)或 MMS(Microsoft Media Server)。这些协议在有防火墙时可能会出现问题,导致用户不能看到一些地点的实时内容。

2. 播送方式

流媒体服务器可以提供多种播送方式,它可以根据用户的要求,为每个用户独立地传送流数据,实现 VOD(Video On Demand)的功能;也可以为多个用户同时传送流数据,实现在线电视或现场直播的功能。

(1)单播

源主机发送的每一信息包都具有唯一的 IP 目标地址。单播方式中,每个客户端都与流媒体服务器建立了一个单独的数据通道,从服务器发送的每个数据包都只能传给一台客户机。对用户来说,单播方式可以满足自己的个性化要求,可以根据需要随时使用停止、暂停、快进等控制功能。但对服务器来说,单播方式无疑会带来沉重的负担,因为它必须为每个用户提供单独的查询,向每个用户发送所申请的数据包复制。当用户数很多时,对网络速度、服务器性能的要求都很高。如果这些性能不能满足要求,就会造成播放停顿,甚至停止播放。

(2)广播

源主机发送的每一个信息包都能被网段上所有 IP 主机接受。在广播方式中,承载流数据的网络报文还可以使用广播方式发送给子网上所有的用户,此时,所有的用户同时接受一样的流数据,因此,服务器只需要发送一份数据复制就可以为子网上所有的用户服务,大大减轻了服务器的负担。但此时,客户机只能被动地接受流数据,而不能控制流。也就是说,用户不能暂停、快进或后退所播放的内容,而且,用户也不能对节目进行选择。

(3)组播

单播方式虽然为用户提供了最大的灵活性,但网络和服务器的负担很重。广播方式虽然可以减轻服务器的负担,但用户不能选择播放内容,只能被动地接受流数据。组播吸取了上述两种传输方式的长处,可以将数据包复制发送给需要的多个客户,而不是像单播方式那样复制数据包的多个文件到网络上,也不是像广播方式那样将数据包发送给那些不需要的客户,保证数据包占用最小的网络带宽。当然,组播方式需要在具有组播能力的网络上使用。组播介于单播与广播之间,源主机发送的每一个信息包都可以被若干主机接收。但是,这些主机必须是同一个组播组的成员。组播是发送方有选择地向一群接收方传送数据。组播能够使网络利用效率大大提高,成本大大降低。

对等网络(Peer-to-Peer Networks，P2P)技术也可以应用到流媒体的播送中。P2P是一种分布式网络,网络的参与者共享他们拥有的一部分硬件资源(处理能力、存储能力、网络连接能力、打印机等),这些共享资源能被其他对等结点直接访问而无须经过中间实体。在此网络中的参与者既是资源(服务和内容)提供者,又是资源(服务和内容)获取者。P2P 打破了传统的 C/S 模式,在网络中的每个结点的地位都是对等的。每个结点既充当服务器,为其他结点提供服务,同时也享用其他结点提供的服务。这种技术一般较适合与播送集中的热门事件。

6.2.3　流媒体相关协议

多媒体业务流由于其数据量大、实时等特点,对网络传输也提出相应的要求,主要表现在高带宽、低传输时延、同步和高可靠性几方面。为了保证好的 QoS 控制,必须考虑传输模式、协议栈和应用体系控制等问题。在流式传输网络协议领域,已经颁布的传输协议主要有:实时传输协议(RTP)、实时传输控制协议(RTCP)、实时流协议(RTSP)以及资源预约协议(RSVP)等。一般情况下,为了实现流媒体在 IP 上的实时传送播放,设计流媒体服务器时需要在传输层(TCP/UDP)和应用层之间增加一个通信控制层,采用相应的实时传输协议,主要有数据流部分的 RTP 和用于控制部分的 RTCP。流式传输一般采用HTTP/TCP 来传输控制信息,而用 RTP/UDP 来传输实时数据。

1. RTP / RTCP 协议簇

RTP/RTCP 是端对端基于组播的应用层协议。其中 RTP(Realtime Transfer Protocol)用于数据传输,RTCP(Realtime Transfer Control Protocol)用于统计、管理和控制 RTP 传输,两者协同工作,能够显著提高网络实时数据的传输效率。

RTP 和 RTCP 都定义在 RFC1889 中。RTP 用于在单播或多播情况下传输实时数据,通常工作在 UDP 上。RTP 协议核心在于其数据包格式,它提供应用于多媒体的多个域,包括 VOD、VoIP、电视会议等,并且不规定负载的大小,因此能够灵活应用于各媒体环境。但 RTP 协议本身不提供数据包的可靠传送和拥塞控制,必须依靠 RTCP 提供这些服务。RTCP 的主要功能是为应用程序提供媒体质量信息。在 RTP 会话期间,每个参与者周期性地彼此发送 RTCP 控制包,包中封装了发送端或接收端的统计信息,包括发送包数、丢包数、包抖动等,这样发送端可以根据这些信息改变发送速率,接收端则可以判断包丢失等问题出在哪个网络段。总的来说,RTCP 在流媒体传输中的作用有:QoS 管理与控制、媒体同步和附加信息传递。

在 RTP/RTCP 协议基础上,不同的媒体类型需要不同的封装和管理技术。目前国际上正在研究基于 RTP/RTCP 的媒体流化技术,包括 MPEG-1/2/4 的媒体流化技术。

2. RSVP 协议

源预留协议(Resource reSerVation Protocol,RSVP)是针对 IP 网络传输层不能保证QoS 和支持多点传输而提出的协议。RSVP 在业务流传送前先预约一定的网络资源,建立静态或动态的传输逻辑通路,从而保证每一业务流都有足够的"独享"带宽,能够克服网络的拥塞和丢包,提高 QoS 性能。

值得一提的是,RSVP 是由接收方执行操作的协议。接收方决定预留资源的优先级,并对预留资源进行初始化和管理。在网络节点(如路由器)上被要求预留的资源包括缓冲区和带宽等,一般数据包通过位于网络节点上的"滤包器"使用预留资源,RSVP 共有 3 种预留类型:无滤包器形式、固定滤包器形式和动态滤包器形式。

3. RTSP 协议

实时流协议(Real-Time Streaming Protocol,RTSP)由 RealNetworks 和 Netscape 共同提出,是工作在 RTP 之上的应用层协议。它的主要目标是为单播和多播提供可靠的播放性能。RTSP 的主要思想是提供控制多种应用数据传送的功能,即提供一种选择传送通道的方法,如 UDP、TCP、IP 多播同时提供基于 RTP 传送机制的方法。RTSP 控制通过单独协议发送的流,与控制通道无关,例如,RTSP 控制可通过 TCP 连接,而数据流通过 UDP。通过建立并控制一个或几个时间同步的连续流数据,其中可能包括控制流,RTSP 能为服务器提供远程控制。另外,由于 RTSP 在语法和操作上与 HTTP 类似,RTSP 请求可由标准 HTTP 或 MIME 解析器解析,并且 RTSP 请求可被代理、通道与缓存处理。与 HTTP 相比,RTSP 是双向的,即客户机和服务器都可以发出 RTSP 请求。

6.2.4　常见的流媒体文件的压缩格式

数据压缩技术也是流媒体技术的一项重要内容,由于视频数据的容量往往非常大,如果不经过压缩或压缩得不够,则不仅会增加服务器的负担,更重要的是会占用大量的网络带宽,影响播放效果。因此,如何在保证不影响观看效果或对观看效果影响很小的前提下,最大限度地对流数据进行压缩,是流媒体技术研究的一项重要内容。下面介绍几种主流的音视频数据压缩格式。

1. AVI 格式

音频视频交错(Audio Video Interleave,AVI)是符合 RIFF 文件规范的数字音频与视频文件格式,由 Microsoft 公司开发,目前得到了广泛的支持。AVI 格式支持 256 色和 RLE 压缩,并允许视频和音频交错在一起同步播放。但 AVI 文件并未限定压缩算法,只是提供了作为控制界面的标准,用不同压缩算法生成的 AVI 文件,必须要使用相同的解压缩算法才能解压播放。AVI 文件主要应用在多媒体光盘上,用来保存电影、电视等各种影像信息。

2. MPEG 格式

动态图像专家组(Moving Picture Experts Group,MPEG)是运动图像压缩算法的国际标准,已被几乎所有的计算机平台共同支持,它采用有损压缩算法减少运动图像中的冗余信息,同时保证每秒 30 帧的图像刷新率。MPEG 标准包括视频压缩、音频压缩和音视频同步 3 个部分,MPEG 音频最典型的应用就是 MP3 音频文件,广泛使用的消费类视频产品如 VCD、DVD 其压缩算法采用的也是 MPEG 标准。

MPEG 压缩算法是针对运动图像而设计的,其基本思路是把视频图像按时间分段,然后采集并保存每一段的第一帧数据,其余各帧只存储相对第一帧发生变化的部分,从而达到了数据压缩的目的。MPEG 采用了两个基本的压缩技术:运动补偿技术(预测编码和插补码)实现了时间上的压缩,变换域(离散余弦变换 DCT)技术实现了空间上的压缩。MPEG 在保证图像和声音质量的前提下,压缩效率非常高,平均压缩比为 50:1,最高可达 200:1。

3. RealVideo 格式

RealVideo 格式是由 Real Networks 公司开发的一种流式视频文件格式,包含在 Real Media 音频视频压缩规范中,其设计目标是在低速率的广域网上实时传输视频影像。RealVideo 可以根据网络的传输速度来决定视频数据的压缩比率,从而提高适应能力,充分利用带宽。

RealVideo 格式文件的扩展名有 3 种,RA 是音频文件、RM 和 RMVB 是视频文件。RMVB 格式文件具有可变比特率的特性,它在处理较复杂的动态影像时使用较高的采样率,而在处理一般静止画面时则灵活地转换至较低的采样率,从而在不增加文件大小的前提下提高了图像质量。

4. QuickTime 格式

QuickTime 是由 Apple 公司开发的一种音视频数据压缩格式,得到了 Mac OS、Microsoft Windows 等主流操作系统平台的支持。QuickTime 文件格式提供了 150 多种视频效果,支持 25 位彩色,支持 RLE、JPEG 等领先的集成压缩技术。此外,QuickTime 还强化了对 Internet 应用的支持,并采用一种虚拟现实技术,使用户可以通过鼠标或键盘的交互式控制,观察某一地点周围 360°的景象,或者从空间的任何角度观察某一物体。QuickTime 以其领先的多媒体技术和跨平台特性、较小的存储空间要求、技术细节的独立性以及系统的高度开放性,得到业界的广泛认可。QuickTime 格式文件的扩展是 MOV 或 QT。

5. ASF 和 WMV 格式

高级流格式(Advanced Streaming Format,ASF)和 WMV 是由 Microsoft 公司推出的一种在 Internet 上实时传播多媒体数据的技术标准,提供了本地或网络回放、可扩充的媒体类型、部件下载以及可扩展性等功能。ASF 的应用平台是 Net Show 服务器和 Net Show 播放器。

WMV 也是 Microsoft 公司推出的一种流媒体格式,它是以 ASF 为基础,升级扩展后得到的。在同等视频质量下,WMV 格式的体积非常小,因此很适合在网上播放和传输。WMV 文件一般同时包含视频和音频部分,视频部分使用 Windows Media Video 编码,而音频部分使用 Windows Media Audio 编码。音频文件可以独立存在,其扩展名是 WMA。

思考与练习

1. 传播方式按信息传递方式分类一般可分为哪几类? 请简要说明其传播方式及特点。

2. 什么是 TCP/IP 参考模型? 简要说明各层的功能。

3. 什么是流媒体? 其关键技术主要有哪些? 你所熟悉的主要应用领域有哪些?

4. 简述流媒体的相关协议。

5. 列举出常用的流媒体系统及文件格式,并简述之。

第7章
数字媒体内容检索及安全

数字媒体资源种类繁多,随着当今数字媒体技术飞速发展和应用领域的不断拓展,数字媒体信息的数据量越来越大,内容也更多样化,对安全性的要求也越来越高,所以对数字媒体信息进行高效的管理、存取、查询,以及确保信息的安全性,已经成为越来越迫切的需求。

7.1 数字媒体数据库

数字媒体数据库是数据库技术与数字媒体技术相结合的产物,文献上更多的称之为多媒体数据库,是指数据库中的信息不仅涉及各种数字、字符等格式化的表达形式,而且还包括数字媒体的非格式化的表达形式,数据管理要涉及各种复杂对象的处理。数字媒体数据库从本质上来说,要解决三个难题。第一是信息媒体的多样化,不仅仅是数值数据和字符数据,要扩大到数字媒体数据的存储、组织、使用和管理。第二要解决数字媒体数据集成或表现集成,实现数字媒体数据之间的交叉调用和融合。集成粒度越细,数字媒体一体化表现才越强,应用的价值才越大。第三是数字媒体数据与人之间的交互性。没有交互性就没有数字媒体,要改变传统数据库查询的被动性,要以数字媒体方式主动表现。

7.1.1 数字媒体数据库的特性与功能

数字媒体数据是由多种不同类型媒体综合组成的,通常包括文本、图形、图像、声音、视频图像和动画等媒体形式。数据可以有原始型、描述型或指示型三种数据形式存在于计算机中。原始的数据是根据实物采集而得到的,如声音或图像的采集。当对采样数据进行 A/D 转换后,可以得到一系列相关的二进制信号,这些二进制信号就代表着原始的、不带有任何特殊附加符号的文件格式。描述性数据通常是带有说明特征的,可以是关键词、语句、段落,或者是语音和声音,也可以采用结构化或非结构化形式。指示性数据通常以多媒体元素的参数为内容,即为多媒体元素的特征赋予特定的语义。例如,表示图像大小的高和宽、表示线条的粗或细、表示声音的强或弱等。

1. 数字媒体数据对数据库的影响

当前数字媒体数据形式多样、类型繁多,其对数据库的影响涉及数据库的用户接口、数据模型、体系结构、数据操纵以及应用等多个方面。

- 数据量大且存储媒体之间数据量的差异也很大。数字媒体应用要求对分布在不同存储媒体上的大量数据进行数据库管理以及网络分发等,从而影响到数据库的组织和存储方法。
- 实时性要求高。不仅需要大量的存储容量,还要求在处理连续数据的数字媒体数据库管理系统时有较好的实时性能。
- 数字媒体之间的特性差异很大。数字媒体的不同格式、不同类型需要不同的数据处理方法,这就增加了数据处理的复杂程度和数据库管理的复杂性。
- 数字媒体改变了数据库的接口形式和操作形式,特别是数据库的查询机制和查询方法。由于数字媒体数据的复合、分散和时序等特性,使得数据库的查询不可能只通过字符进行,而应通过基于媒体内容的语义查询。
- 具备处理长事务的能力。通常传统数据库中事务一般较短,在数字媒体数据管理系统中也应尽可能采用短事务。由于很多数字媒体的应用场合,短事务不能满足需要,例如从视频库中取出并播放一部数字化电影,需保证播放不中断,所以不得不处理长事务。
- 数字媒体数据库管理还要考虑版本控件问题。需要解决多版本的标识、存储、更新和查询等。数字媒体数据库系统应提供很强的版本管理能力。

2. 数字媒体数据库管理系统的基本功能

数字媒体数据库与传统数据库相比,管理的数据类型不同,体系结构不同,检索方法不同,因此,其管理系统的功能也有所不同。与传统数据库相比,数字媒体数据库管理系统能实现数字媒体数据库的建立、操作、控制、管理和维护,能将声音、图像、文本等各种复杂对象结合在一起,并提供各种方式检索、观察和组合,实现数字、媒体数据共享。

数字媒体数据库管理系统的基本功能应包括如下几点。

- 能表达和处理各种复杂数字媒体数据,并能较准确地反映和管理各种媒体数据的特性和各种媒体数据之间的空间或时间的关联,有能为用户提供定义新的数据类型和相应操作的能力。
- 能保证数字媒体数据库的物理数据独立性、逻辑数据独立性和数字媒体数据独立性。
- 提供功能更强大的数据操纵,如非格式化数据的查询、浏览功能;对非格式化数据的一些新操作,如图像的覆盖、嵌入、裁剪,声音的合成、调试等。
- 具有多媒体数据库的网络功能,提供网络上分布数据功能,对分布于网络不同结点的数字媒体数据的一致性、安全性、并发性进行管理。
- 提供系统开放功能,提供数字媒体数据库的应用程序接口。
- 数字媒体数据库具有处理长事务的能力,具备原子性、一致性、隔离性和持久性,提供事务和版本的控制管理。

7.1.2 数字媒体数据库的构建

1. 数字媒体的建模方法

一般数据库描绘现实世界是分两个阶段来完成的。首先是将现实环境中的概念模型化,建立概念模型,再在概念模型的基础上将其转化成计算机支持的逻辑表示模型和物理表示模型。在实际应用中,数字媒体的建模方法有多种,常见的有以下几种方法。

（1）扩充关系模型

一种最简单的方法是在传统的关系数据模型基础上引入新的数字媒体数据类型,以及相应的存取和操作功能。

（2）语义模型

语义模型是在关系模型基础上增加全新的数据构造器和数据处理原语,用来表达复杂的结构和丰富的语义的一类新的数据模型。

（3）对象模型

面向对象的方法最适合于描述复杂对象,引入了封装、继承、对象、类等概念,可以有效地描述各种对象及其内部结构和联系。

2. 数字媒体数据的管理

数字媒体数据库管理涉及以下几种数据类型:字符数值型数据、文本数据、声音数据、图形数据、图像数据、视频数据。数字媒体数据的管理就是对数字媒体数据的存储、编辑、检索、演播等。

数字媒体的数据管理方法大致经历了三次重大的变化。最初,数据是用文件直接存储的,因为早期的计算机主要用于数学计算,虽然计算的工作量大,过程复杂,但其结果往往比较单一,在这种情况下,文件系统基本上是够用的。

现今,随着技术的发展,计算机越来越多地用于信息处理,如财务管理、办公自动化、工业流程控制等。这些系统使用的数据量大、内容复杂,而且面临数据共享、数据保密等方面的需求,于是便产生了数据库系统。数据库系统的一个重要概念是数据独立性。用户对数据的任何操作（如查询、修改）不再是通过应用程序直接进行,而必须通过向数据库管理系统（DBMS）发请求来实现。DBMS 统一实施对数据的管理,包括存储、查询、处理和故障恢复等,同时也保证数据库在不同用户之间数据共享,如果是分布式数据库,这些内容都将扩大到网络范围之上。

图像、声音、动态视频等多媒体信息引入计算机后,表达的信息范围大大扩展,但同时又带来新的问题,例如,如何用数据库系统来描述这些数据? 关系数据库可以做到一个用户给出查询条件之后迅速地检索到正确的信息。

现在基本数据不再只是字符、数值,而是图像、声音,甚至视频数据。由于这些数字媒体数据不规则,没有一定的取值范围,没有相同的数据量级,也没有相似的属性集,又如何来组织和查询这些数据呢?

在数字媒体数据库中,一般常用的数字媒体数据有字符、数值、文本、声音、图像（包括图形、位图图像、动画和视频）等类型。一般来说,所谓数字媒体技术就是把声、图、文等媒体通过计算机集成在一起的技术。能够管理数值、文字、图形、图像、声音和动画等数字媒体的数据库称为数字媒体数据库。

目前对数字媒体数据的管理主要有 2 种方式。

（1）扩充关系数据库的方式

传统的关系数据模型是建立在严格的关系代数的基础上的,解决了数据管理的许多问题,虽然基于关系模型的数据库管理系统仍然是主流技术,但它不适合表达复杂的数字媒体信息,非格式化的数据是关系模型无法处理的,简单化的关系也会破坏媒体实体的复杂联系,而且丰富的语义超过了关系模型的表示能力。因此,需要将原有的关系数据库加以扩充,使之在一定程度上能支持数字媒体的应用。

用关系数据库存储数字媒体数据的方法一般是:

① 用专用字段存放全部数字媒体文件;

② 数字媒体资料分段存放在不同字段中,播放时再重新构建;

③ 文件系统与数据库相结合,数媒体资料以文件系统存放,用关系数据库存放媒体类型、应用程序名、媒体属性、关键词等。

（2）面向对象数据库的方式

由于数字媒体信息是非格式化的数据,所以尽管关系数据库非常简单有效,但用其管理数字媒体资料仍不太尽如人意。而面向对象数据库是指对象的集合、对象的行为、状态和联系是以面向数据模型来定义的。

虽然面向对象数据库方法是开发的数字媒体数据库系统的主要方向。但是由于面向对象概念在各个领域中尚未有一个统一的标准,面向对象模型并非完全适合于数字媒体数据库,所以用面向对象数据库直接管理数字媒体资料尚未达到实用水平。

7.1.3　数字媒体数据库体系结构

传统的数据库管理系统一般可按层次划分为三种模式:物理模式、概念模式和外部模式(也叫视图),如图 7-1 所示。

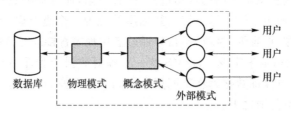

图 7-1　DBMS 的三种模式

物理模式的主要职能是定义数据的存储组织方法。如数据库文件的格式、索引文件组织方法、数据库在网络上的分布方法等。概念模式定义抽象现实世界的方法。外部模式又称子模式,是概念模式中对用户有用的一部分。概念模式借助数据模型来描述。数据库系统的性能(包括可用性、便利性及效率等)与数据库数据模型直接相关。

数据模型的不断完善和变革,也就是数据库系统发展的历史。数据库数据模型先后经历了网状模型、层次模型、关系模型和面向对象模型等阶段。其中,关系模型因为有比较完整的理论基础,"表格"一类的概念也易于被用户理解,因而逐渐取代了网状、层次模型,在商业应用数据库中居主导地位。关系模型把现实世界事物的特征抽象成数字或字符串表示的属性,每一种属性都有固定的取值范围。于是,每一个事物都有一个属性集及对应的属性值集,把他们组织成具有以下性质的二维表格,便成为关系:

- 表格中的任何两行数据都不完全相同。
- 表格中每一列的所有数据属于同一属性。表头定义的是属性名,属性名不允许重复。

由此可知,关系模型主要针对的是整数、实数、定长字符等规范数据,因此,关系数据库的设计者必须把真实世界抽象为规范数据。这要求设计者具有一定技巧,而且有些情况下,这项工作会特别困难,例如,用文字描述一个人的长相,抽象很难完成,抽象得到的结果往往难以与原始信息相吻合。

数据库管理层负责完成对各类媒体对象的维护。数字媒体对象是由既相互独立又相互联系的文本、图形、图像、音频或视频等媒体对象构成的一种复合实体,各类媒体对象在复杂程度、数据量和是否具有时域特征等方面存在极大的差异。为了适应这种异构性,数据库管理层利用不同的数据库及数据库管理系统来存储和管理不同类型的媒体对象,即数据库管理层依据不同媒体类型的特点,选用不同的表示、存储和处理媒体对象的手段。

数据库管理层可以被进一步划分为物理数据库管理子层和逻辑数据库管理子层,前者主要完成各类媒体对象的物理存储,后者则负责媒体对象的维护以及向外界提供各种数据访问服务。

多媒体数据合成层负责多媒体对象的存储与管理,主要完成表示及维护多媒体对象的合成方式(即各媒体对象如何聚集为多媒体对象)以及各媒体对象之间所具有的各种约束关系,尤其是对时域约束关系的描述信息,这些信息在提取、显示等多媒体数据的操作过程中发挥着重要作用。

交互层为用户访问数字媒体数据库提供必要的查询、浏览、媒体编辑、数据组织等功能。同其余两层相比,该层的变动性较大,也就是说可以通过不断地引入新的技术来丰富与用户之间的接口功能。例如,随着 Web 技术的成熟与完善,可以利用 HTML"超链"的概念,将数字媒体数据库中保存的有关空域、时域等约束关系的描述信息嵌入 Web 主页,从而使用户能够通过统一的 Web 浏览器,对多媒体记录的内容进行检索和遍历。

7.2　数字媒体信息检索

数字媒体数据对数据库操作,特别是对数据库操作的检索与查询提出了新的要求。非数字媒体数据库一般只提供基于表示形式的检索,提供诸如关键字一类的检索和查询。数字媒体数据库则提供基于内容的检索,要求数据库系统能对图像或声音等媒体进行内容语义分析,以达到更深的检索层次。

7.2.1　基于内容检索的原理与体系结构

1. 基于内容检索的定义

基于内容检索就是从媒体数据中提取特定的信息线索,根据这些线索从大量存储在数据库中的媒体中进行查找,检索具有相似特征的媒体数据。具体来说,基于内容的检索是对媒体对象的内容及上下文语义环境进行检索,如图像中的颜色、纹理、形状,视频中的镜头、场景、镜头的运动,声音中的音调、响度、音色等。

2. 基于内容检索的特点

基于内容检索主要有以下特点。

- 根据媒体对象的语义和上下文联系进行检索。直接对文本、图像、视频、音频进行分析,从中抽取内容特征,然后利用这些内容特征建立索引并进行检索。

- 使用人机交互方式查询、检索信息。
- 基于内容的检索是一种近似匹配,逐步求精的检索方法。采用一种近似匹配(或局部匹配)的方法和技术逐步求精来获得查询和检索结果,摒弃了传统的精确匹配技术,避免了因采用传统检索方法所带来的不确定性。
- 满足用户多层次的检索要求。通常由媒体库、特征库和知识库组成。媒体库包含数字媒体数据,如文本、图像、音频、视频等;特征库包含用户输入的特征和预处理自动提取的内容特征;知识库包含领域知识和通用知识,其中的知识表达可以更换,以适应各种不同领域的应用要求。
- 大型数据库的快速检索。该系统往往拥有数量巨大、种类繁多的数字媒体数据库,能够实现对数字媒体信息的快速检索。

3. 媒体内容特征

数字媒体内容属性是对数字媒体所含内容的一种概括性描述。例如,可以利用关键词来概括文字对象的内容,可以利用彩色直方图来概括图像对象的内容等。

内容属性能否准确合理地表示数字媒体对象的内容会对内容查询的好坏产生直接的影响,因此,如何为库存的数字媒体对象选取恰当的内容属性,就成了多媒体数据库系统(MMDBS)在实现内容查询这一功能时应当首先解决的问题。下面,仅就一些媒体类型常见的内容属性作简要的介绍。

(1) 文本

关键词常被选作文本对象的内容属性。关键词的取值为一个集合,由若干单词构成,这些单词在文章中出现的频率较高且反映了文章的主题。例如,一篇讨论数字媒体数据库的文章,其关键词可以是"数字媒体"、"数据库"和"数字媒体数据库管理系统"。我们称所有库存文本对象关键词属性的集合为词汇,词汇往往同文本对象的应用领域(如计算机应用、经济等)有关,是对某个领域具有代表性的单词的汇总。此外,为了支持较为复杂的文本内容查询,一些数字媒体数据库管理系统除了保存及管理词汇之外,还进一步从应用领域的特点出发,发掘并维护与之密切相关的信息。以概念查询为例,除保存词汇之外,系统还维护某领域常用单词之间在概念上的关联关系。

(2) 图形

图形对象由若干彼此之间具有一定空域约束关系的几何体构成。几何体的各种特征(如几何体的形状特征、面积、周长等)以及几何体之间的位置关系(如几何体的空间位置、几何体间空域关系的类型等)常被选作图形对象的内容属性。因为图形对象与其应用领域有关,所以图形对象的内容属性是与其应用领域(如 VLSI、CAD、GIS 等)的特点相对应的。

(3) 视频对象

视频对象由一系列静止图像构成,每幅图像被称为帧,即帧是视频对象最基本的构成单元。由于不同帧之间在内容上关联程度不同,所以在对视频对象的内容进行抽象之前,往往需要首先对其进行必要的层次划分。因此,对视频对象内容的抽象可以转化为对某些关键性镜头的内容的抽象,相应地,视频对象的内容属性是那些关键性镜头在内容上呈现出来的特征,如镜头所含的各种摄像动作(如摇、推、拉、追踪等)、镜头中运动物体和镜头的关键帧等。

（4）音频对象

音调、音量等参数反映了声音的物理特征,是最为基本的音频对象的内容属性。讲话者的身份特征、音乐的旋律特征等则是一些与应用领域相关的音频对象的内容属性。此外,对声音进行必要的分割后,检测出来的较为特殊的声音片段,如掌声、体育比赛场上嘘声、喝彩声等也可作为音频对象的内容属性,这些属性通常是与音频对象的应用领域相关联的。

4. 基于内容检索系统的体系结构

基于内容检索系统分为两个子系统:特征提取子系统和查询子系统。图 7-2 为数字媒体数据库中基于内容检索系统的结构示意图,图 7-3 为查询方法的示意图。

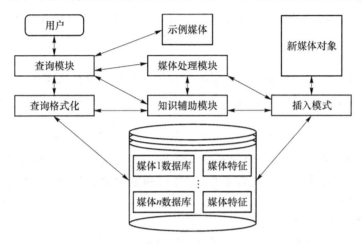

图 7-2　基于内容检索的体系结构

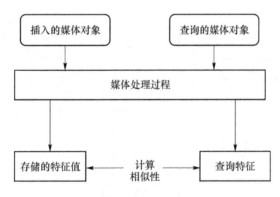

图 7-3　查询方法示意图

数字媒体数据库中基于内容检索系统包括以下功能模块。

（1）目标标识

为用户提供一种工具,以全自动或半自动(需要用户干预)的方式标识图像、视频镜头等媒体中感兴趣的区域,以及视频序列中的动态目标,以便针对目标进行特征提取和查询。当进行整体内容检索时,利用全局特征,这时不用目标标识功能,目标标识是可选的。

（2）特征提取

对数字媒体数据进行特征提取,提取用户感兴趣的、适合检索要求的特征。特征提取有两种类型,可以是全局性的,如整幅图像的总体特征;也可以针对某个目标,如图像中的人物或视频中的镜头和运动对象等。

(3)数据库

生成的数据库由媒体库(集)、特征库(文件)和知识库组成。媒体库包含数字媒体数据,特征库包含用户输入的特征和预处理自动提取的内容特征,知识库中存放知识表达(人工智能领域、专家系统等经常会用到的概念)。知识表达可以更换,以适用于不同的应用领域。

(4)查询接口

友好的人机界面是一个成功的内容检索系统不可缺少的条件,它可以大大提高检索的效率。一般来说,有三种方式,即操作交互输入方法、模板选择输入方式、用户提交特征样本的输入方式。同时,应支持多种方式的组合。

(5)检索引擎

检索是利用特征之间的距离函数来进行相似性检索。模仿人类的认知过程,对不同类型的媒体数据有各自不同的相似性测度算法。检索引擎中包括一个较为有效可靠的相似性测量函数集。

(6)索引/过滤器

检索引擎通过索引/过滤模块达到快速搜索的目的,从而可以应用到数据库中的大型媒体数据集中。过滤器作用于全部数据,过滤出的数据集合再用高维特征匹配来检索。索引用于低维特征。

5. 基于内容检索的处理过程

基于内容的查询和检索是一个逐步求精的过程,存在着一个特征调整、重新匹配的循环过程,具体过程如下图 7-4 所示。

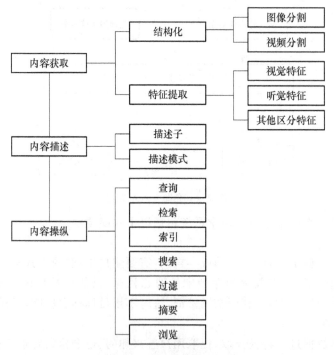

图 7-4　基于内容检索的处理过程

（1）提交查询要求

用户查找一个数据对象时,利用系统人机界面提供的输入方式(可视化的输入界面或查询语言)形成一个查询条件。与传统的文本查询不同的是,在将查询条件传递给搜索引擎之前,一般要对所提交的数据进行预处理,在分布式应用中这一点更为重要。

（2）相似性匹配

将查询特征与数据库中的特征按照一定的匹配算法进行匹配。

（3）返回候选结果

满足一定相似性的一组候选结果按相似度大小排列返回给用户。

（4）特征提取

对系统返回的一组初始特征的查询结果,用户可通过遍历(浏览)挑选到满意的结果,也可以从候选结果中选择一个示例,进行特征调整,最后形成一个新的查询。如此逐步缩小查询范围,直到用户对查询结果满意为止。

7.2.2　基于内容的图像检索

基于内容的图像检索是根据分析图像的内容,提取其颜色、形状、纹理,以及对象空间关系等信息,建立图像的特征索引。对于通用图像库检索来说,最常用的特征就是颜色、纹理和形状。

1. 颜色特征提取

相对于图像几何特征而言,颜色具有一定的稳定性,其对大小、方向都不敏感,表现出相当强的鲁棒性。同时,在许多情况下(特别是对于自然景物来说,颜色是描述一幅图像最简便有效的特征)颜色内容包含两个一般的概念,一个对应于全局颜色分布,一个对应于局部颜色信息。

按照全局颜色分布来索引图像可以通过计算每种颜色的像素个数,并构造颜色灰度直方图来实现,这对检索具有相似的总体颜色内容的图像是一个很好的途径。在颜色检索算法中,采用了互补颜色空间直方图来描述,并通过定义在直方图的相交及反投影算法来完成物体的识别(检索)和在图像中的定位。通过直方图相交算法,给定图像直方图后,颜色检索就在模型库中查找具有最大匹配的图像。

颜色直方图反映的是图像的整体特征,而在许多情况下希望在检索中只对图像中的部分颜色加以指定。局部颜色信息是指局部相似的颜色区域,它考虑了颜色的分类与一些初级的几何特征,如用颜色集合的方法来抽取空间局部颜色信息并提供颜色区域的有效索引。

2. 纹理特征提取

作为物体的一个重要特征,纹理也是基于内容检索的一条主要线索。纹理可以视为某些近似形状的近似重复分布,纹理描述的难点在于它与物体形状之间存在密切的关系,千变万化的物体形状与嵌套式的分布使纹理的分类变得十分困难。

纹理检索和纹理分类技术有着紧密的关系,针对不同的系统应用要求在纹理检索的实现中往往采用不同的纹理识别技术。早期的纹理识别技术主要有三类:统计方法、结构方法和频谱分析方法。

在基于纹理特征的图像检索中,采用的纹理特征主要有 Tamura 纹理特征(如粗糙度、对比度与方向度等)与灰度共生矩阵纹理特征(如反差、能量、熵与灰度相关)。随着小波变换与 Gabor 变换在图像纹理分析中的广泛应用,采用小波变换与 Gabor 变换后的系数特征作为图像的索引,也取得很好的效果。

3. 形状特征提取

形状是传统计算机视觉刻画物体本质特征之一,但是对于通用图像检索而言,利用形状特征进行检索存在一定的困难。这是因为实际场景中物体的形状会发生很大的变化,而且从复杂场景中提取物体的形状本身也并不是件容易的事情。针对某些特定应用,利用形状可以提高检索的正确性和效率。

一般说来,形状的表示可分为基于边界(轮廓)的和基于区域的两类,前者使用形状的外部边界,而后者使用整个区域。基于形状特征的图像检索方法大多利用轮廓特征或区域特征建立图像索引。主要有基于傅里叶描述的形状检索和基于形状矩检索。

4. 相关反馈

仅仅基于图像低层特征很难给出令人满意的结果,主要原因是图像低层特征和高层语义间存在着很大的差距。为了解决这个问题,一方面需要研究出更好更有效的图像表示方法,另一方面可以通过人机交互的方式来捕捉、建立低层特征和高层语义之间的关联,这就是所谓的相关反馈技术。相关反馈技术最初用于传统的文本检索系统中,它的基本思想是,在检索过程中,系统根据用户的查询要求返回检索结果,用户可以对检索结果进行评价和标记,并将这些信息反馈给系统,系统则根据这些反馈信息进行学习,并返回新的查询结果,从而使得检索结果更加满足用户的要求。基于内容检索中的相关反馈技术大致可分为四种类型:参数调整方法、聚类分析方法、概率学习方法和神经网络方法。

目前已有的图像检索系统有以下几种。

- QBIC(Query By Image Content)是 IBM Almaden 研究中心开发的第一个基于内容的商用图像及视频检索系统,它提供了对静止图像及视频信息基于内容的检索手段,其系统结构及所用技术对后来的视频检索有深远的影响。
- 由 MIT 的媒体实验室开发研制的 Photobook,图像在存储时按人脸、形状或纹理特性自动分类,图像根据类别通过显著语义特征压缩编码。
- 美国哥伦比亚大学开发的 VisualSEEK 图像查询系统,该系统的主要特点是用到了图像区域的空间关系查询和直接从压缩数据中提取视觉特征。
- EXCALIBUR 技术公司开发的 retrieval ware 系统。
- Virage 公司开发的 virage 检索系统能。
- 香港中央图书馆的多媒体信息系统(MMIS)是 IBM 和分包商 ICO 于 1999 年年底开始承建 190 万美元的数字图书馆项目,被认为是世界上最大且最复杂的"中文/英文"双语图书馆服务之一,其采用的 DB2 Text 和 Image Extenders 既支持文本查找,也支持图片查找。

7.2.3　基于内容的音频检索

基于内容的图像检索要提取颜色、纹理、形状等特征,视频检索要提取关键帧特征,同样要实现基于内容的音频检索,必须从音频数据中提取听觉特征信息。音频特征可以分为:听觉感知特征和听觉非感知特征(物理特性),听觉感知特征包括音量、音调、音强等。在语音识别方面,IBM 的 Via Voice 已趋于成熟,另外剑桥大学的 VMR 系统,以及卡内基梅隆大学的 Informedia 都是很出色的音频处理系统。在基于内容的音频信息检索方面,美国的 Muscle fish 公司推出了较为完整的原型系统,对音频的检索和分类有较高的准确率。

自然界的声音极其广泛,如音乐声、风雨声、动物叫声、机器轰鸣声等,要从数以千万计的音频数据中提取所需的信息,常规的基于文本检索方法很难实现。只有从广泛的音频数据中提取特征信息,才能对不同音频数据进行分类和检索,这就要用到基于内容检索的方法。

1. 音频内容的分层描述模型

通常音频内容分为三个级别:最底层的物理样本级、中间层的声学特征级和最高层的语义级。从低级到高级,内容逐级抽象,内容的表示逐级概括。

在物理样本级,音频内容呈现的是流媒体形式,用户可以通过时间刻度,检索或调用音频的样本数据。中间层是声学特征级,声学特征是从音频数据中自动抽取的。一些听觉特征表达用户对音频的感知,可以直接用于检索;一些特征用于语音的识别或检测,支持更高层的内容表示。最高层是语义级,是音频内容、音频对象的概念级描述。具体来说,在这个级别上,音频的内容是语音识别、检测、辨别的结果,音乐旋律和叙事的说明,以及音频对象和概念的描述。后两层是基于内容的音频检索技术最关心的。在这两个层次上,用户可以提交概念查询或按照听觉感知来查询。

音频的听觉特性决定其查询方式不同于常规的信息检索系统。基于内容的查询是一种相似查询,它实际上是检索出与用户指定的要求非常相似的所有声音。查询中可以指定返回的声音数或相似度的大小。

2. 音频检索方式

对音频进行检索,可有多种检索方式。

(1) 基本属性检索

这与普通的文本检索基本相同,查找诸如文件名、大小、生成时间等一般属性,或者是取样率、声道数等音频属性。

(2) 特征值检索

这是较高层次的检索,如查找能量大于某值的音频数据。

(3) 示例检索(Query By Example,QBE)

这是最高层次的检索方法,也最常见。如给定一段"雨声"数据,查找与"雨声"相似的音频数据。

3. 音频检索技术

基于内容的音频检索中,用户可以提交概念查询或按照听觉感知来查询,即查询依据是基于声学特征级和语义级的。音频的听觉特性决定其查询方式不同于常规的信息检索系统。基于内容的查询是一种相似查询,它实际上是检索出与用户指定的要求非常相似的所有声音。查询中可以指定返回的声音数或相似度的大小。另外,可以强调或忽略某些特征成分,甚至可以利用逻辑运算来指定检索条件。

语音经过识别可以转换为文本,这种文本就是语音的一种脚本形式。语音检索主要采用语音识别等处理技术,具体的技术研究如下所示。

（1）利用大词汇语音识别技术进行检索

这种方法采用了自动语音识别（ASR）技术,可以把语音转换为文本,然后使用文本检索方法进行检索。在实际应用中识别率并不高。

（2）基于子词单元进行检索

利用子词索引单元检索。首先将用户的查询分解为子词单元,然后将这些单元的特征与库中预先计算好的特征进行匹配。

（3）基于识别关键词进行检索

通过关键词自动检测"词"或"短语"。通常用来识别录音或音轨段中感兴趣的事件。

（4）基于说话人的辨认进行分割

这种技术只是简单地辨别出说话人话音的差别,而不是识别出内容。这种技术可用于分割录音并建立录音索引。

音频检索是针对波形声音的,这些音频都统一用声学特征来进行检索。音频数据库的浏览和查找可使用基于音频数据的训练、分类和分割的检索方法,而基于听觉特征的检索为用户提供了高级的音频查询接口。

（1）声音训练和分类

音频数据库中的一个声音类的模型可以通过训练来形成。首先要将一些声音样本送入数据库,并计算其 N 维声学特征矢量,然后计算这些训练样本的平均矢量和协方差矩阵,从而建立起某类声音的类模型。

声音分类是把声音按照预定的类组合。首先计算被分类声音与以上类模型的距离,可以利用 Euclidean 或 Manhattan 距离度量,然后距离值与门限（阈值）比较,以确定该声音的类型。对于特殊声音可以建立新的声音类。

（2）听觉检索

利用声音的响度、音调等听觉感知特性,可以自动提取并用于听觉感知的检索,也可以提取其他能够区分不同声音的声学特征,形成特征矢量用于查询。例如,按时间片计算一组听觉感知特征,如基音、响度、音调等。考虑到声音波形随时间的变化,最终的特征矢量将是这些特征的统计值,可用平均值、方差和自相关值表示。这种方法适合检索和对声音效果数据进行分类,如动物声、机器声、乐器声、语音和其他自然声等。

以上方法适合单体声音的情况。但是,一般的情况是一段录音包含许多类型的声音,由多个部分组成。更为复杂的情况是,各种声音可能会混在一起。这需要在处理单体声音之前先分割长段的音频录音,进行音频分割。

（3）音频分割

对于复杂的声音组合,需要在处理单体声音之前先分割出语音、静音、音乐、广告声和音乐背景上的语音等。

通过信号的声学分析并查找声音的转变点就可以实现音频的分割。转变点是度量特征突然改变的地方。转变点定义信号的区段,然后这些区段就可以作为单个的声音处理。

这些技术包括：暂停段检测、说话人改变检测、男女声辨别，以及其他的声学特征。

音频是时基线性媒体。在分割的基础上，就可以结构化表示音频的内容，建立超越常规的顺序浏览界面和基于内容的音频浏览接口。

（4）音乐检索

音乐检索利用的是诸如节奏、音符、乐器等特征。节奏是可度量的节拍，是音乐中一种周期特性的表示。音乐的乐谱典型地以事件形式描述，如以起始时间、持续时间和一组声学参数（基音、音高、颤音等）来描述一个音乐事件。注意到许多特征是随时间变化的，所以可以用统计方法来度量音乐的特性。

人的音乐认知可以基于时间和频率模式，就像其他声音分析一样。时间结构的分析基于振幅统计，得到现代音乐中的拍子。频谱分析获得音乐和声的基本频率，可以用这些基本频率进行音乐检索。有的方法是使用直接获得的节奏特征，即假设低音乐器更适合提取节拍特征，通过归一化低音时间序列得到节奏特征矢量。

基于内容的数字媒体检索是一个新兴的研究领域，国内外都处于研究、探索阶段。目前仍存在着诸如算法处理速度慢、漏检误检率高、检索效果无评价标准、缺少支持多种检索手段等问题。但随着多媒体内容的增多和存储技术的提高，对基于内容的多媒体检索的需求将不断增加。

7.2.4　基于内容的视频检索

基于内容的视频信息检索是当前数字媒体数据库发展的一个重要研究领域，它通过对非结构化的视频数据进行结构化分析和处理，采用视频分割技术，将连续的视频流划分为具有特定语义的视频片段——镜头，作为检索的基本单元，在此基础上进行代表帧（representative frame）的提取和动态特征的提取，形成描述镜头的特征索引；依据镜头组织和特征索引，采用视频聚类等方法研究镜头之间的关系，把内容相近的镜头组合起来，逐步缩小检索范围，直至查询到所需的视频数据。其中，视频分割、代表帧和动态特征提取是基于内容的视频检索的关键技术。

视频分割用于将连续的视频流分割为可供检索的视频单元（镜头）。在视频流信息中，关键帧起着与关键词类似的作用。人们常用关键帧来标识场景、故事等高层语义单元。

目前有以下相关的研究。

- MPEG-7 标准称为"多媒体内容描述接口"（Multimedia Content Description Inteface），它是一种多媒体内容描述的标准，定义了描述符、描述语言和描述方案，对多媒体信息进行标准化的描述，实现快速有效的检索。
- JJACOB 是基于内容的视频检索系统，可进行视频自动发段并从中抽取代表帧，并可按彩色及纹理特征以代表帧描述基于内容的检索；
- 卡内基·梅隆大学的 informedia 数字视频图书馆系统，结合语音识别、视频分析和文本检索技术，支持 2 000 小时的视频广播检索；实现全内容的、基于知识的查询和检索。

7.3 数字媒体信息安全

随着计算机网络和通信技术的发展,数字媒体信息的交流已达到了前所未有的深度和广度,其发布形式也愈加丰富。同时,数字媒体为信息的存取提供了极大的便利,也显著提高了信息表达的效率和准确性。数字媒体本身可复制和广泛传播的特性带来了一系列负面效应,并引起了人们的高度重视,如数字作品侵权更加容易,恶意攻击和篡改伪造也更加方便。因此,数字媒体的信息安全、知识产权保护和认证问题变得日益突出。

7.3.1 数字媒体信息安全要素与解决方法

首先,信息安全有两方面的含义:一是数据本身的安全,主要是指采用现代密码算法对数据进行主动保护,如数据保密、数据完整性、双向强身份认证等。二是数据防护的安全,主要采用现代信息技术对数据进行主动保护,如通过磁盘阵列、数据备份、异地容灾等手段保证数据的安全。数字媒体信息安全的要素包括:机密性(Confidentiality)、完整性(Integrity)、可用性(Availability)、可控性(Controllability)和不可抵赖性(Non-repudiation)。

机密性:指信息不泄漏给非授权的个人和实体,或供其利用的特性。

完整性:指信息在存储或传输过程中保持不被修改、不被破坏、不被插入、不延迟、不乱序和不丢失的特性。破坏信息的完整性是对信息安全发动攻击的目的之一。

可用性:指信息可被合法用户访问并按要求顺利使用的特性,即指当需要时可以取用所需信息。

可控性:指授权机构可以随时控制信息的机密性。

不可抵赖性:数字签名具有不可抵赖性(不需要笔迹专家来验证),是防止发送方或接收方抵赖所传输的消息。

数字媒体信息安全的基本要求是机密性、完整性和可用性。

从多年来的经验可知,对于安全和保护问题来说,没有完美的安全和保护方案;一般综合采用几种解决方案,对信息进行保护。主要的解决方案有标签、检测、指纹、水印、密码、散列、加扰。一个好的安全和保护系统,攻破它所付出的代价大于安全和保护的价值。数字媒体信息保护的主要目的在于安全传输、作者版权保护、消费者权利保护和防病毒等。

7.3.2 数字版权管理

数字版权管理(Digital Rights Management,DRM)是随着电子音频视频节目在互联网上的广泛传播而发展起来的一种新技术。其目的是保护数字媒体的版权,从技术上防止数字媒体的非法复制,或者在一定程度上使复制很困难,最终用户必须得到授权后才能使用数字媒体。

数字版权管理(DRM)使用技术手段,对数字产品在分发、传输和使用等各个环节进行控制,使得数字产品只能被授权使用的人,按照授权方式,在授权使用的期限内使用。数字版权管理主要采用的技术为数字水印、版权保护、数字签名和数据加密。

数据加密和防复制是 DRM 的核心技术。一个 DRM 系统需要首先建立数字媒体授权中心(Rights Issuer,RI),编码已压缩的数字媒体,然后利用密钥对内容进行加密保护,加密的数字媒体头部存放着 KeyID 和节目授权中心的统一资源定位器(Uniform ResourceLocator,URL)地址。用户在点播时,根据节目头部的 KeyID 和 URL 信息,通过数字媒体授权中心的验证授权后送出相关的密钥解密,数字媒体方可使用。需要保护的数字媒体是被加密的,即使被用户下载保存并散播给他人,没有得到数字媒体授权中心的验证授权也无法使用,从而严密地保护了数字媒体的版权。

数字版权管理是针对网络环境下的数字媒体版权保护而提出的一种新技术,一般具有以下六大功能。

- 数字媒体加密:打包加密原始数字媒体,以便于进行安全可靠的网络传输。
- 阻止非法内容注册:防止非法数字媒体获得合法注册从而进入网络流通领域。
- 用户环境检测:检测用户主机硬件信息等行为环境,从而进入用户合法性认证。
- 用户行为监控:对用户的操作行为进行实时跟踪监控,防止非法操作。
- 认证机制:对合法用户的鉴别并授权对数字媒体的行为权限。
- 付费机制和存储管理:包括数字媒体本身及打包文件、元数据(密钥、许可证)和其他数据信息(如数字水印和指纹信息)的存储管理。

DRM 技术无疑可以为数字媒体的版权提供足够的安全保障。但是它要求将用户的解密密钥同本地计算机硬件相结合,很显然,对用户而言,这种方式的不足之处是非常明显的,因为用户只能在特定地点、特定计算机上才能得到所订购的服务。随着计算机网络的不断发展,网络的模式和拓扑结构也发生着变化,传统基于 C/S 模式的 DRM 技术在面临不同的网络模式时需要给出不同的解决方案来实现合理的移植,这也是 DRM 技术有待进一步研究和探索的课题。

7.4　数字水印技术

随着计算机技术的不断发展与进步,传统的数据加密手段越来越难以对数据安全提供有效的保护。同时,数据形式的多样化也使系统加密技术的运用受到了制约。通过对数字水印技术的原理、定义和分类等内容的阐述,使读者能够较全面地了解这种全新加密技术。

7.4.1　数字水印技术的定义、特点与分类

数字水印(Digital Watermarks)是目前一个重要的 DRM 技术。水印指的是一组人眼看不到的数字信息,内有纪录各种知识产权拥有者的相关信息,在数字产品制造或发送时嵌入数字产品内,将来在此数字产品使用时,可以被截取出来,来显示此产品的知识产权归属及使用是否合法。

根据信息隐藏的目的和要求,数字水印具有如下特点。

- 不可感知性:嵌入水印导致载体数据的变换对于观察者的视觉或听觉系统来讲应该是不可察觉的,这是绝大多数字水印算法所应达到的要求。
- 稳健性:稳健性(鲁棒性)是指对嵌入秘密信息后的宿主进行某种信号处理操作(如滤波、有损压缩、打印、剪切等),嵌入对象的信息不丢失。
- 不可检测性:嵌入秘密信息后的宿主和原宿主相比,失真率比较小,从而使得恶意攻击者无法判断载体中是否含有隐藏信息。
- 安全性:指隐藏算法具有较强的抵抗恶意攻击的能力。

数字水印技术可以从不同的角度进行划分。

1. 按特性划分

按水印的特性可以将数字水印分为鲁棒数字水印和脆弱数字水印两类。鲁棒数字水印主要用于数字作品中标识著作权信息,如作者、作品序号等,它要求嵌入的水印能够经受各种常用的编辑处理;脆弱数字水印主要用于完整性保护,与鲁棒水印的要求相反,脆弱水印必须对信号的改动很敏感,人们根据脆弱水印的状态就可以判断数据是否被篡改过。

2. 按水印所附载的媒体划分

按水印所附载的媒体可以将数字水印划分为图像水印、音频水印、视频水印、文本水印以及用于三维网格模型的网格水印等。随着数字技术的发展,会有更多种类的数字媒体出现,同时也会产生相应的水印技术。

3. 按检测过程划分

按水印的检测过程可以将数字水印划分为明文水印和盲水印。明文水印在检测过程中需要原始数据,而盲水印的检测只需要密钥,不需要原始数据。一般来说,明文水印的鲁棒性比较强,但其应用受到存储成本的限制。目前学术界研究的数字水印大多数是盲水印。

4. 按内容划分

按数字水印的内容可以将水印划分为有意义水印和无意义水印。有意义水印是指水印本身也是某个数字图像(如商标图像)或数字音频片段的编码;无意义水印则只对应于一个序列号。有意义水印的优势在于,如果因为受到攻击或其他原因致使解码后的水印破损,人们仍然可以通过视觉观察确认是否有水印。但对于无意义水印来说,如果解码后的水印序列有若干码元错误,则只能通过统计决策来确定信号中是否含有水印。

5. 按用途划分

不同的应用需求造就了不同的水印技术。按水印的用途,可以将数字水印划分为票据防伪水印、版权保护水印、篡改提示水印和隐蔽标识水印。

票据防伪水印是一类比较特殊的水印,主要用于打印票据和电子票据的防伪。一般来说,伪币的制造者不可能对票据图像进行过多的修改,所以,诸如尺度变换等信号编辑操作是不用考虑的。但另一方面,人们必须考虑票据破损、图案模糊等情形,而且考虑到快速检测的要求,用于票据防伪的数字水印算法不能太复杂。

版权标识水印是目前研究最多的一类数字水印。数字作品既是商品又是知识作品,这种双重性决定了版权标识水印主要强调隐蔽性和鲁棒性,而对数据量的要求相对较小。

篡改提示水印是一种脆弱水印,其目的是标识宿主信号的完整性和真实性。

隐蔽标识水印的目的是将保密数据的重要标注隐藏起来,限制非法用户对保密数据的使用。

6. 按水印隐藏的位置划分

按数字水印的隐藏位置,可以将其划分为时(空)域数字水印、频域数字水印、时/频域数字水印和时间/尺度域数字水印。

时(空)域数字水印是直接在信号空间上叠加水印信息,而频域数字水印、时/频域数字水印和时间/尺度域数字水印则分别是在 DCT 变换域、时/频变换域和小波变换域上隐藏水印。

随着数字水印技术的发展,各种水印算法层出不穷,水印的隐藏位置也不再局限于上述四种。应该说,只要构成一种信号变换,就有可能在其变换空间上隐藏水印。

7.4.2　数字水印基本原理及过程

数字水印技术的基本思想源于古代的密写术。古希腊的斯巴达人曾将军事情报刻在普通的木板上,用石蜡填平,收信的一方只要用火烤热木板,融化石蜡后,就可以看到密信。使用最广泛的密写方法恐怕要算化学密写了,牛奶、白矾、果汁等都曾充当过密写药水的角色。可以说,人类早期使用的保密通信手段大多数属于密写而不是密码。然而,与密码技术相比,密写术始终没有发展成为一门独立的学科,究其原因,主要是因为密写术缺乏必要的理论基础。

如今,数字化技术的发展为古老的密写术注入了新的活力,也带来了新的机会。在研究数字水印的过程中,研究者大量借鉴了密写术的思想。尤其是近年来信息隐藏技术理论框架研究的兴起,更给密写术成为一门严谨的科学带来了希望。毫无疑问,密写技术将在数字时代得以复兴。

数字水印技术是通过一定的算法将一些标志性信息直接嵌到多媒体内容中,目前大多数水印制作方案都采用密码学中的加密(包括公开密钥、私有密钥)体系来加强,在水印的嵌入和提取时采用一种密钥,甚至几种密钥的联合使用。

数字水印一般包括三个基本方面:水印的生成、水印的嵌入和水印的提取、检测。数字水印技术实际上是通过对水印载体媒质的分析、嵌入信息的预处理、信息嵌入点的选择、嵌入方式的设计、嵌入调制的控制等几个相关技术环节进行合理优化,寻求满足不可感知性、安全可靠性、稳健性等诸多条件约束下的准最优化设计问题。而作为水印信息的重要组成部分——密钥,则是每个设计方案的一个重要特色所在。往往可以在信息预处理、嵌入点的选择和调制控制等不同环节入手完成密钥的嵌入。

图 7-5 示意了水印的嵌入过程。该过程的输入是水印信息 W、原始载体数据 I 和一个可选的私钥/公钥 K。其中水印信息可以是任何形式的数据,如随机序列或伪随机序列,字签或栅格,二值图像、灰度图像或彩色图像,3D 图像等。水印生成算法 G 应保证水印的唯一性、有效性、不可逆性等属性。水印的嵌入算法很多,总的来看可以分为空间域算法和变换域算法。水印信息 W 可由伪随机数发生器生成,另外基于混沌的水印生成方

法也具有很好的保密特性。密钥 K 可用来加强安全性,以避免未授权的恢复和修复水印。所有的实用系统必须使用一个密钥,有的甚至使用几个密钥的组合。

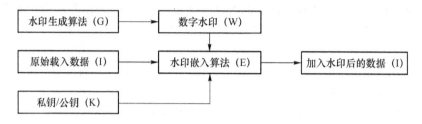

图 7-5　水印嵌入的一般过程框图

水印嵌入过程可用如下的表达式来描述:

$$IW=E(I,W,K)$$

其中,IW 表示嵌入水印后的数据(即水印载体数据),I 表示原始载体数据,W 表示水印集合,K 表示密钥集合。这里密钥 K 是可选项,一般用于水印信号的再生。

在某些水印系统中,水印可以被精确地提取出来,这一过程被称为水印的提取。对于有些水印系统,隐藏对象会受到某种数字处理或攻击,不可能精确地从中提取出嵌入的原始水印,此时就需要一个水印检测过程。一般而言,水印检测中首先是进行水印的提取,然后是水印的判决。水印判决的通行做法是相关性检测。水印的检测过程可以用如下的表达式予以描述:

$$\hat{W}=\begin{cases} D(\hat{I}_w,I,K), & \text{有原始载体数据 } I \text{ 时}\\ D(\hat{I}_w,W,K), & \text{有原始水印 } W \text{ 时}\\ D(\hat{I}_w,K), & \text{没有原始信息时}\end{cases}$$

其中,$\hat{W}$ 表示估计水印,D 为水印检测算法,$\hat{I}_w$ 表示在传输过程中受到攻击后的水印载体数据。检测水印的手段可以分为两种:一是在有原始信息的情况下,可以做嵌入信号的提取或相差性验证;二是在没有原始信息情况下,必须对嵌入信息做全搜索或分布假设检验等。如果信号为随机信号或伪随机信号,证明检测信号是水印信号的方法一般就是做相似度检验。水印相似度检验的通用公式为

$$\text{Sim}=\frac{W*\hat{W}}{\sqrt{W*W}} \text{ 或 } \text{Sim}=\frac{W*\hat{W}}{\sqrt{W*W}\sqrt{\hat{W}*\hat{W}}}$$

其中 W 表示估计水印,W 表示原始水印,Sim 表示不同信号的相似度。

7.4.3　数字水印实现与攻击

近年来,数字水印技术取得了很大进步,出现了许多优秀的算法。根据数字水印加载方法的不同,可分为 2 大类:空间域水印算法和变换域水印算法。下面对一些典型的算法进行分析。

1. 空间域数字水印

较早的数字水印算法从本质上来说都是空间域上的,通过改变某些像素的灰度将要隐藏的信息嵌入其中,将数字水印直接加载在数据上。空间域数字水印方法具有算法简单、速度快、容易实现的优点,特别是几乎可以无损地恢复载体图像和水印信息。它可以细分为如下几种方法。

(1) 最低有效位法(Least Significant Bit)

这是一种典型的空间域数据隐藏方法,该方法利用原始数据的最低几位来隐蔽信息,具体取多少位以人的听觉或视觉系统无法察觉为原则。

(2) Patchwork 方法及纹理映射编码方法

这两种方法都是 Bender 等人提出的。Patchwork 算法是一种数据量较小、能见库很低、鲁棒性很强的数字水印算法,其生成的水印能够抗图像剪裁、模糊化和色彩抖动。

纹理映射编码方法是将数字信息隐藏在数字图像的任意纹理部分。该算法仅适用于具有大量任意纹理区域的图像,而且尚不能完全自适应。

(3) 文档结构微调方法

通常这里的文档是指图像文档,在通用文档图像中隐藏特定二进制信息的技术,将数字信息通过轻微调整文档中的结构来完成编码,主要包括:垂直移动行距、水平调整字距、调整文字特性等。

空间域水印算法的最大优点就是具有较好的抗几何失真能力,最大弱点就在于抗信号失真的能力较差。

2. 变换域数字水印

基于变换域水印技术是利用常用的变换,将空间域变数据转化为相应的频域系数,对要隐藏的信息进行适当编码或变形后,再以某种规则或算法去修改选定的频域系数序列,经相应的反变换转化为空间域数据。这些变换包括离散余弦变换(DCT)、离散小波变换(DWT)、离散傅里叶变换(DFT 或 FFT)以及哈达马变换(Hadamard Transform)等。频域方法具有如下优点:在频域中嵌入的水印信号能量可以分布在所有的像素上,有利于保证水印的不可见性;利用人类视觉系统的某些特性,可以更方便、有效地进行水印的编码。但是频域变换和反变换过程中是有损的,同时运算量也很大,对一些精确或快速应用的场合不太适合。

(1) 离散余弦变换(DCT)

其数字水印方案是由一个密钥随机地选择图像的一些分块,在频域的中频上稍稍改变一个三元组以隐藏二进制序列信息。选择在中频分量编码是因为在高频编码易于被各种信号处理方法所破坏,而在低频编码则由于人的视觉对低频分量很敏感,对低频分量的改变易于被察觉。DCT 是常用的变换之一,其稳健性比空间域水印更强,且与常用的图像压缩标准兼容,因而得到了广泛的应用。同时该数字水印算法对有损压缩和低通滤波是稳健的。

(2) 离散小波变换(DWT)

DWT 是一种时间—尺度(时间—频率)信号的多分辨率分析方法,在时频两域都具有表征信号局部特征的能力,不仅可以较好地匹配 HVS 的特性,而且与 JPEG2000、MPEG4 压缩标准兼容。利用小波变换产生的水印具有良好的视觉效果和抵抗多种攻击的能力,因此基于 DWT 域的数字水印技术是目前主要的研究方向,正逐渐代替 DCT 成为变换域数字水印算法的主要工具。根据人类视觉系统的照度掩蔽特性和纹理掩蔽特性,将水印嵌入到图像的纹理和边缘等不易被察觉。这样可以通过修改这些细节子图上的某些小波系数来嵌入水印信息。

(3) 离散傅氏变换(DFT)

DFT 利用图像 DFT 的相位嵌入信息方法。因为 Hayes 研究表明一幅图像的 DFT 相位信息比幅值信息更为重要。通信理论中调相信号的抗干扰能力比调幅信号抗干扰的能力强,同样在图像中利用相位信息嵌入的水印也比用幅值信息嵌入的水印更稳健,而且根据幅值对 RST〔旋转(Rotation)、比例缩放(Scale)、平移(Translation)〕操作的不变性,所嵌入的水印能抵抗图像的 RST 操作。这是针对几何攻击提出的方法。DFT 方法的优点在于可以把信号分解为相位信息和幅值信息,具有更丰富的细节信息。但是 DFT 方法在水印算法中的抗压缩能力还比较弱。

另外,还有利用分形、混沌、数学形态学、奇异值分解等方法来嵌入水印,以及在压缩域嵌入水印的方法。目前人们在寻找新的更合适的变换域,来进行水印的嵌入与检测。

3. 数字水印的应用

随着数字水印技术的发展,数字水印的应用领域也得到了扩展,数字水印的基本应用领域是防伪溯源、版权保护、隐藏标识、认证和安全隐蔽通信。

当数字水印应用于防伪溯源时,包装、票据、证卡、文件印刷打印都是潜在的应用领域。用于版权保护时,潜在的应用市场遍布于电子商务、在线或离线地分发多媒体内容以及大规模的广播服务。数字水印用于隐藏标识时,可在医学、制图、数字成像、数字图像监控、多媒体索引和基于内容的检索等领域得到应用。数字水印的认证方面主要应用于 ID 卡、信用卡、ATM 卡等上面数字水印的安全不可见通信将在国防和情报部门得到广泛的应用。多媒体技术的飞速发展和 Internet 的普及带来了一系列政治、经济、军事和文化问题,产生了许多新的研究热点,以下几个引起普遍关注的问题构成了数字水印的研究背景。

(1) 数字作品的知识产权保护

数字作品(如电脑美术、扫描图像、数字音乐、视频、三维动画)的版权保护是当前的热点问题。由于数字作品的复制、修改非常容易,而且可以做到与原作完全相同,所以原创者不得不采用一些严重损害作品质量的办法来加上版权标志,而这种明显可见的标志很容易被篡改。

"数字水印"利用数据隐藏原理使版权标志不可见或不可听,既不损害原作品,又达到了版权保护的目的。目前,用于版权保护的数字水印技术已经进入初步实用化阶段,IBM 公司在其"数字图书馆"软件中就提供了数字水印功能,Adobe 公司也在其著名的 Photoshop 软件中集成了 Digimarc 公司的数字水印插件。然而实事求是地说,目前市场上的数字水印产品在技术上还不成熟,很容易被破坏或破解,距离真正的实用还有很长的路要走。

（2）商务交易中的票据防伪

随着高质量图像输入输出设备的发展,特别是精度超过 1 200 dpi 的彩色喷墨、激光打印机和高精度彩色复印机的出现,使得货币、支票以及其他票据的伪造变得更加容易。

另一方面,在从传统商务向电子商务转化的过程中,会出现大量过渡性的电子文件,如各种纸质票据的扫描图像等。即使在网络安全技术成熟以后,各种电子票据也还需要一些非密码的认证方式。数字水印技术可以为各种票据提供不可见的认证标志,从而大大增加了伪造的难度。

（3）证件真伪鉴别

信息隐藏技术可以应用的范围很广,作为证件来讲,每个人需要不止一个证件,证明个人身份的有:身份证、护照、驾驶证、出入证等;证明某种能力的有:各种学历证书、资格证书等。

国内目前在证件防伪领域面临巨大的商机,由于缺少有效的措施,使得"造假"、"买假"、"用假"成风,已经严重地干扰了正常的经济秩序,对国家的形象也有不良影响。通过水印技术可以确认该证件的真伪,使得该证件无法仿制和复制。

（4）声像数据的隐藏标识和篡改提示

数据的标识信息往往比数据本身更具有保密价值,如遥感图像的拍摄日期、经/纬度等。没有标识信息的数据有时甚至无法使用,但直接将这些重要信息标记在原始文件上又很危险。数字水印技术提供了一种隐藏标识的方法,标识信息在原始文件上是看不到的,只有通过特殊的阅读程序才可以读取。这种方法已经被国外一些公开的遥感图像数据库所采用。

此外,数据的篡改提示也是一项很重要的工作。现有的信号拼接和镶嵌技术可以做到"移花接木"而不为人知,因此,如何防范对图像、录音、录像数据的篡改攻击是重要的研究课题。基于数字水印的篡改提示是解决这一问题的理想技术途径,通过隐藏水印的状态可以判断声像信号是否被篡改。

（5）隐蔽通信及其对抗

数字水印所依赖的信息隐藏技术不仅提供了非密码的安全途径,更引发了信息战尤其是网络情报战的革命,产生了一系列新颖的作战方式,引起了许多国家的重视。

网络情报战是信息战的重要组成部分,其核心内容是利用公用网络进行保密数据传送。迄今为止,学术界在这方面的研究思路一直未能突破"文件加密"的思维模式,然而,经过加密的文件往往是混乱无序的,容易引起攻击者的注意。网络多媒体技术的广泛应用使得利用公用网络进行保密通信有了新的思路,利用数字化声像信号相对于人的视觉、听觉冗余,可以进行各种时(空)域和变换域的信息隐藏,从而实现隐蔽通信。

思考与练习

1. 数字媒体数据有哪些特点? 这些特点对数据库有哪几方面的影响? 简述数字媒体数据库应具备的基本功能。

2. 什么是数字媒体数据的管理？目前对数字媒体数据的管理方式主要有哪几种？

3. 如何在关系数据库的基础上构造数字媒体数据库？目前大多数商业数据库主要采用哪些方式？

4. 简述数字媒体数据库的三种体系结构。试比较这三种数字媒体数据库体系结构的优劣。

5. 什么是基于图像的检索技术？试举你所熟悉的实例，并加以简要说明。

6. 简述基于内容的数字媒体检索技术的原理和特点，以及基于内容检索系统的体系结构和对应模块的主要功能。

7. 数字媒体信息安全的重要性有哪些？数字媒体信息安全主要包括哪些要素？简述当前数字媒体信息安全上存在的问题与解决方法。

8. 简述数字水印的基本原理、过程和实现方法，以及数字水印的攻击与对策。

第 8 章
计算机动画

计算机动画是相对于传统动画而言的,它是伴随着计算机硬件水平的提升和图形学技术研究的不断深入而发展起来的产物,具有技术和艺术相结合的鲜明特点。它综合运用了计算机科学、艺术学、数学、物理学、生命科学以及新兴的人工智能等学科和领域的知识来研究客观存在或高度抽象的物体的运动表现形式。目前,计算机动画技术凭借其表现力强、生产成本较低、开发时间较短等优点,在电影特效、电视片头、广告、教育、游戏娱乐、展览展示和互联网等众多领域都有着广泛的应用。

8.1 计算机动画概述

计算机动画的研究始于 20 世纪 60 年代初。1963 年美国 AT&T Bell 实验室利用计算机制作了第一部数字动画片。但在 20 世纪 80 年代之前,计算机动画的研究主要集中于二维动画系统的研制,应用于教学演示和辅助传统的动画片制作。而后伴随着计算机硬件的不断提高,计算机动画经历了从二维到三维,从线框图到真实感图像,从逐帧动画到实时动画的发展过程。

8.1.1 传统动画与计算机动画

计算机动画是从传统动画不断发展而来的。但是,无论是传统动画还是计算机动画,都应当服从于动画的定义和基本原理。一般意义上,我们把通过将人物的表情、动作、变化等分解后画成许多动作瞬间的画幅,再用摄影机连续拍摄成一系列画面,给视觉造成连续变化的图画定义为动画。动画与电影、电视相同,都是基于视觉暂留原理给人以流畅的视觉体验。

传统动画亦可被称为经典动画,它是动画的一种表现形式,于 19 世纪开始发展,到 20 世纪已经较为流行。传统动画制作方式以手绘为主。一般情况下,制作者进行脚本及动画设计后,相继绘制出动画的关键帧及中间帧,将它们组合成为静止但互相具有连贯性的画面,然后将这些画面(帧)按一定的速度拍摄后,进行编辑、剪辑和配音等流程,最终制作成为影像。在早期的传统动画作品中也有的画在黑板上或胶片上的。虽然随着时代的发展,传统动画的制作手段在如今已经被更为现代的扫描、手写板或者电脑技术取代,但传统动画制作的原理却一直在现代的动画制作中延续。

计算机动画是指采用图形与图像的处理技术,借助于编程或动画制作软件生成一系列的景物画面。与传统动画相比,计算机动画依旧遵循着传统动画制作的原理,不同的是计算机动画在制作过程中用计算机来辅助或者替代传统制作颜料、画笔和制模工具,这种工具的辅助和替代改变了传统动画的制作工艺。

计算机动画的关键技术体现在计算机动画制作软件及硬件上,它们的选择直接关系到动画所制作的效果和质量。

8.1.2 计算机动画的基本类型

根据不同的分类标准,计算机动画有众多分类方法。本书中介绍了三种计算机动画的分类。

1. 实时动画与逐帧动画

动画的本质是运动,按照运动的控制方式,一般会将计算机动画分为实时动画和逐帧动画两类。

实时动画(Real-time animation)又被称为算法动画,顾名思义,它是凭借各类算法来对运动的物体进行控制的。相较于实时动画而言,逐帧动画(Frame By Frame)是一种较为常见的动画形式,其原理是在"连续的关键帧"中分解动画动作,也就是在时间轴的每帧上逐帧绘制不同的内容,使其连续播放而成动画,在动画的制作过程中,无论是关键帧还是中间帧都应当是单独生成和存储的。一般情况下,除去虚拟现实与电子游戏等一些特定需要实时生成的领域外,大部分动画均采用逐帧生成的办法,尤其是计算机动画片和影视特效等质量要求极高的动画。

2. 二维动画和三维动画

根据获得动画中的景物运动效果所采用的方法的不同,计算机动画一般被分为二维动画和三维动画。

二维动画又被称为平面动画。简单来讲,二维动画就是指其每帧画面都以平面的形式进行展示的动画。从一定意义上来说,二维动画是对手动传统动画的一种改进,其制作流程大致分为输入和编辑关键帧、计算和生成中间帧、定义和显示运动路径、交互式为画面上色、制作产生特技效果、对画面与声音进行调整、控制运动系列的记录等。在二维动画中,通常会借助透视原理等手段得到一些立体效果,但从根本上来讲,二维动画中只有高度和宽度的二维信息,并没有第三维的深度信息。无论二维动画中画面的立体感有多强,归根结底也只是在二维空间上模拟三维空间的效果,同一画面内只有物体的位置移动和形状改变,并没有视角的变化。一个真正的三维画面,画中景物有正面,也有侧面和反面,调整三维空间的视点,能够看到不同的内容。二维画面无论怎样看,画面的内容是不变的。

三维动画又称立体动画、3D动画,是近年来随着计算机软硬件技术的发展而产生的一新兴技术。三维动画软件在计算机中首先建立一个虚拟的世界,设计师在这个虚拟的三维世界中按照要表现对象的形状尺寸建立模型以及场景,再根据要求设定模型的运动轨迹、虚拟摄影机的运动和其他动画参数,最后按要求为模型赋上特定的材质,并打上灯光。当这一切完成后就可以让计算机自动运算,生成最后的画面。

二维动画与三维动画最主要的差别在于所生产和显示的图形是否含有第三维的深度信息。

3. 网络动画

网络动画是指以通过互联网作为最初或主要发行渠道的动画作品。对于网络动画而言,它最大的特点是适于网络平台的传输。

网络动画一般采用矢量图形,文件体积较小,画面的线条简洁、颜色鲜艳。但是,网络动画却有着其自身的特性,其中最突出的是网络动画充分利用了网络的交互特性,生成的动画一般都具有交互功能,可由观看者去控制动画的进程与变化。不过也应当看到,正是由于网络动画采用的是矢量图形,因此它的画面质量与采用像素点阵图形的影院计算机动画片还是不可相提并论的。后者画面的色彩种类、灰度层次、线条笔触远优于前者。

在市场上有很多网络动画的制作软件,当前以 Adobe Flash 为代表的动画制作软件占据着主流的地位,由于移动互联网的来临,这样的现状也正在发生着变化。一些更加适应移动互联网的动画开发软件也已日渐成熟,如 Adobe Edge 等。Adobe Edge 是 adobe 公司开发的一款新型网页互动工具,允许设计师通过 HTML5、CSS 和 JavaScript 制作网页动画,无须 Flash。我们在实际的使用当中应当按照自身情况和项目的需要去选择合适的网络动画制作软件。

8.1.3　计算机动画系统的组成

计算机动画系统是一种交互式的计算机图形系统。通常的工作方式是操作者通过输入设备发给计算机一个指令,然后由计算机显示相应的图形或是做出相应变换动作,然后等待下一个操作指令。计算机动画系统涉及硬件和软件两部分平台。硬件平台大致可分为以 PC 机为基础组成的小型图形工作站以及专业的大中型图形工作站。软件平台不单单指动画制作软件,也还包括完成一部动画作品的制作所需要的其他类型软件。

1. 硬件平台

输入设备包括对动画软件输入操作指令的设备和为动画制作采集素材的设备。2D/3D 鼠标是最为常见的输入设备。3D 鼠标则可以离开桌面在空中移动,用于三维图形信息的输入。图形输入板则是一种更为专业的输入设备,它为操作者提供了一个更加类似于传统绘画的直观的工作模式。图形扫描仪为动画系统提供所需要的纹理贴图等各类素材。三维扫描仪则可以通过激光技术扫描一个实际的物体,然后生成表面线框网格,通常用来生成高精度的复杂物体或人体形状。

刻录机和编辑录像机是常用的动画视频输出设备。主机是完成所有动画制作和生成的设备。为了满足计算机动画制作对图形图像处理能力的要求,其硬件结构和系统软件都有很多特别的设计。用户使用的一般是不同于普通台式机的图形工作站。针对小型动画工作室和大中型制作公司的不同使用要求,有着不同级别的图形工作站。图形工作站是一种专业从事图形、图像(静态)、图像(动态)与视频工作的高档次专用电脑的总称。从工作站的用途来看,无论是三维动画、数据可视化处理乃至 Cad/Cam 和 Eda,都要求系统具有很强的图形处理能力。

2. 软件平台

动画制作系统的软件分为系统软件和应用软件。系统软件包括绘图软件、二维动画软件、三维动画软件和特效与合成软件等。

(1) 绘图软件,简言之即用来作图的软件,通常是指计算机用于绘图的一组程序。绘图软件通常用高级算法语言编写以子程序的方式表示,每个子程序具有某种独立的绘图功能。

(2) 二维动画软件一般都具有较为完善的平面绘图功能,还包括中间画面生成、着色、画面编辑合成、特效、预演等功能。主流的二维动画软件有 Animator studio、Flash 等。

(3) 三维动画软件采用计算机来模拟真实的三维场景和物体,在计算机中构造立体的几何造型,并赋予其表面颜色和纹理,然后设计三维形体的运动、变形。确定场景中灯光的强度、位置及移动,最后生成一系列动态实时播放的连续图像。目前国际上最为流行的三维软件,主要包括:3ds Max、Maya、Lightwave 3D 等。

(4) 特效制作与合成软件,可将手绘画面、实拍镜头、静态图像、二维动画和三维动画影视文件的多层画面合作或组成起来,加入各种各样的特技处理手段,达到前期拍摄难以实现的特殊画面效果,如 Combustion、MAYA Fusion、Shanke、After Effects 等。

8.1.4 计算机动画在数字媒体中的应用

1. 影视制作

计算机动画技术在影视制作中的作用越来越重要。在影视制作中,除了一些科幻场景的制作外,计算机动画技术的不断发展使得很多常规镜头能够以更低的成本实现较好的视觉效果。

2. 数字娱乐

计算机动画技术在数字娱乐领域的应用一直占据着极高的地位。无论二维游戏、三维游戏,也无论是基于 PC 端,抑或是移动端,计算机动画技术一直是数字娱乐实现过程中的关键技术。

3. 虚拟现实

虚拟现实技术是利用计算机动画技术模拟产生一个三维空间的虚拟环境系统,虚拟现实技术无论在展览展示或是娱乐领域都显示出了巨大的潜力。计算机动画技术是该虚拟环境构建和制作的重要技术。

4. 教育

计算机动画技术在教育方面的使用前景一直被相关领域所重视。在教育方面,许多难以进行示范的概念、原理等抽象知识让学生较难理解和学习,却大都能够通过计算机动画技术进行模拟和演示。

8.2 计算机动画生成技术

运动是动画的本质,动画的生成技术也就是运动控制技术。为了实现各种复杂的运动形式,动画系统一般提供多种运动控制方式,以提高控制的灵活度以及制作效率。计算机动画生成技术主要有:关键帧动画、变形物体动画、过程动画、关节动画与人体动画、基于物理模型动画以及动画语言等。

8.2.1　关键帧动画

关键帧的概念来源于传统的卡通片制作。在早期 Walt Disney 的制作室,熟练的动画师设计卡通片中的关键画面,也即所谓的关键帧,然后由一般的动画师设计中间帧。在三维计算机动画中,中间帧的生成由计算机来完成,插值代替了设计中间帧的动画师。所有影响画面图像的参数都可成为关键帧的参数,如位置、旋转角、纹理的参数等。关键帧技术是计算机动画中最基本并且运用最广泛的方法。另外一种动画设置方法是样条驱动画。

8.2.2　变形物体动画

变形指景物的形体变化,它是使一幅图像在 1～2 秒内逐步变化到另一幅完全不同图像的处理方法。这是一种较复杂的二维图像处理,需要对各像素点的颜色、位置做变换。变形的起始图像和结束图像分别为两幅关键帧,从起始形状变化到结束形状的关键在于自动地生成中间形状,也即自动生成中间帧。

8.2.3　过程动画

过程动画指的是动画中物体的运动或变形由一个过程来描述。过程动画经常牵涉物体的变形,在过程动画中,物体的变形是基于一定的数学模型或物理规律。最为简单的过程动画是用一个数学模型去控制物体的几何形状和运动。较复杂的过程动画包括物体的变形、弹性理论、动力学、碰撞检测在内的物体的运动。另一类过程动画为粒子系统动画和群体动画。

8.2.4　关节动画与人体动画

在三维计算机动画中,把人体作为其中的角色一直是研究者感兴趣的目标,因而关节动画越来越成为人们致力解决的研究课题。在这一方面引人注目的早期工作从动画电影《Tony de Peltrie》和《Rendezvous a Montreal》可见一斑,而近期在这一方面的工作更是令人惊叹不已,如电影《终结者Ⅱ》、《侏罗纪公园》。虽然计算机动画在许多领域占据越来越重要的角色,人体和动物动画的许多问题仍未很好解决。人体具有 200 个以上的自由度和非常复杂的运动,人的形状不规则,人的肌肉随着人体的运动而变形,人的个性、表情等千变万化。另外,由于人类对自身的运动非常熟悉,不协调的运动很容易被观察者所察觉。可以说,人体动画是计算机动画中最富挑战性的课题之一。

正向或逆向运动学方法是一种设置关节动画的有效方法。通过对关节旋转角设置关键帧,得到相关联的各个肢体的位置,这种方法一般称为正向运动学方法。

与运动学相比,动力学方法能生成更复杂和逼真的运动,并且需指定的参数相对较少。但动力学方法的计算量相当大,且很难控制。

在计算机动画中,建立有趣且逼真的虚拟实体并能同时保持对它们的控制是相当困难的,通常在复杂度和控制的有效性之间取一折中。对一固定的关节结构,常用优化方法来自动生成动力学控制系统。例如,Ngo 提出的针对刺激—反应对的算法,这些算法成功地生成了二维刚体模型的运动;对于非固定的三维动物,Sims 提出了能生成自主(autonomous)三维虚拟动物的方法,该方法无须用户提供烦琐的设计指定工作,动物形态学和控制肌肉的神经系统由算法自动产生。

8.2.5　基于物理模型的动画

基于物理模型的动画技术是 20 世纪 80 年代后期发展起来的一种新的计算机动画技术。经过近几年的发展,它已在图形学中成为一种具有潜在优势的三维造型和运动模拟技术。尽管该技术比传统动画技术的计算复杂度要高得多,但它能逼真地模拟各种自然物理现象,这是基于几何的传统动画生成技术无法比拟的。著名动画软件 Softimage 在基于动力学的动画功能方面已相当成熟,它能处理诸如重力、风、碰撞检测等在内的复杂动力学模型。

传统动画技术要求预先描述物体在某一时刻的瞬时几何位置、方向和形状,其运动则往往通过 8.1 节介绍的参数关键帧技术来完成。因而,欲模拟一个逼真的自然运动需要动画设计者细致、耐心的调整,要求动画设计者依赖其对真实物理世界的直观感觉来设计物体在场景中的运动。但由于我们对日常物理世界极为熟悉,且真实的物体运动往往非常复杂,因而,采用传统的动画设计技术一般来说难以生成令人满意的运动。如今,许多动画师不得不采用一些特殊的软件来模拟特定的物体运动。基于物理模型的动画技术则考虑了物体在真实世界中的属性,如它具有质量、转动惯矩、弹性、摩擦力等,并采用动力学原理来自动产生物体的运动。当场景中的物体受到外力作用时,牛顿力学中的标准动力学方程可用来自动生成物体在各个时间点的位置、方向及其形状。此时,计算机动画设计者不必关心物体运动过程的细节,只需确定物体运动所需的一些物理属性及一些约束关系,如质量、外力等。

最近几年,已有许多研究者对动力学方程在计算机动画中的应用进行了深入广泛的研究,提出了许多有效的运动生成方法。总体上来说,这些方法大致可分为三类,即刚体运动模拟、塑性物体变形运动以及流体运动模拟。

8.2.6　动画语言

最初开发的计算机动画系统都是基于程序语言的,这样的系统通常只有具有经验的计算机专家才能使用。计算机动画制作程序语言的开发与应用,改变了这一状况,它使计算机动画系统更易为一般用户所接受。

8.3 计算机动画制作技术

计算机动画制作技术的基础是计算机图形学和计算机动画生成技术。这里从影视动画片的制作，来讨论计算机动画的制作技术。影视动画的制作过程主要包括动画制作和后期合成两大部分。

8.3.1 动画制作

完整的动画制作工作主要包括建模、材质及灯光、动画、特效、渲染等几个阶段，在实际的制作过程中这几个方面又都是相互渗透，并非绝对独立的。

1. 建模

三维模型是物体的多边形表示，通常用计算机或者其他视频设备进行显示。显示的物体可以是现实世界的实体，也可以是虚构的物体。任何物理自然界存在的东西都可以用三维模型表示。三维模型经常用三维建模工具这种专门的软件生成，但是也可以用其他方法生成。作为点和其他信息集合的数据，三维模型可以手工生成，也可以按照一定的算法生成。尽管通常按照虚拟的方式存在于计算机或者计算机文件中，但是在纸上描述的类似模型也可以认为是三维模型。三维模型广泛用于任何使用三维图形的地方。实际上，它们的应用早于个人电脑上三维图形的流行。许多计算机游戏使用预先渲染的三维模型图像作为 sprite 用于实时计算机渲染。三维模型本身是不可见的，可以根据简单的线框在不同细节层次渲染或者用不同方法进行明暗描绘。但是，许多三维模型使用纹理进行覆盖，将纹理排列放到三维模型上的过程称为纹理映射。纹理就是一个图像，但是它可以让模型更加细致并且看起来更加真实。例如，一个人的三维模型如果带有皮肤与服装的纹理那么看起来就比简单的单色模型或者是线框模型更加真实。除了纹理之外，其他一些效果也可以用于三维模型以增加真实感。例如，调整曲面法线可以实现它们的照亮效果，一些曲面可以使用凸凹纹理映射方法或其他一些立体渲染的技巧。

目前主要的建模方式有以下几种。

(1) 多边形建模

多边形建模是一种常见的建模方式。首先使一个对象转化为可编辑的多边形对象，然后通过对该多边形对象的各种子对象进行编辑和修改来实现建模过程。对于可编辑多边形对象，它包含了 Vertex(节点)、Edge(边界)、Border(边界环)、Polygon(多边形面)、Element(元素)5 种子对象模式，与可编辑网格相比，可编辑多边形显示了更大的优越性，即多边形对象的面可以不只是三角形面和四边形面，还可以是具有任何多个节点的多边形面。

多边形(Polygon)建模从早期主要用于游戏，到现在被广泛应用(包括电影)，多边形建模已经成为先在计算机动画(CG)行业中与 NURBS 并驾齐驱的建模方式。在电影《最终幻想》中，多边形建模完全有能力把握复杂的角色结构，以及解决后续部门的相关问题。

多边形从技术角度来讲比较容易掌握，在创建复杂表面时，细节部分可以任意加线，在结构穿插关系很复杂的模型中就能体现出它的优势。另外,它不如 NURBS 曲面建模有固定的 UV,在贴图工作中需要对 UV 进行手动编辑,防止重叠、拉伸纹理。多边形建模较为优秀的软件有 3ds Max 等。

（2）NURBS 曲面建模

曲面建模是当前最流行的建模方式,其由数学函数定义的参数化的曲线和曲面,最大的优点是可以在不改变外形的前提下自由调节模型的精细程度。简单地说,NURBS 就是专门做曲面物体的一种造型方法。NURBS 造型总是由曲线和曲面来定义的,所以要在 NURBS 表面里生成一条有棱角的边是很困难的。就是因为这一特点,我们可以用它做出各种复杂的曲面造型和表现特殊的效果,如人的皮肤、面貌或流线型的跑车等。

（3）细分曲面建模

细分曲面（Subdivision surface）,又翻译为子分曲面,在计算机图形学中用于从任意网格创建光滑曲面。最基本的概念是细化。通过反复细化初始的多边形网格,可以产生一系列网格趋向于最终的细分曲面。每个新的子分步骤产生一个新的有更多多边形元素并且更光滑的网格。相对于 NURBS 曲面建模技术,它具有适用于任意拓扑结构、数值上稳定、实现简易、局部连续性控制和局部细化等优点。

（4）面片建模

面片建模是一种 3ds Max 独有的建模方式,它利用可调节曲率的面片来拼接模型的表面,这种表面有非常强的可操控性,并且可调节精度。在进行面片建模时,通常先用若干条曲线搭建出模型的线框,再对线框进行蒙覆面片的操作,这种制作方式尤其适用于生物有机体的建模。

（5）纹理置换建模

这是使用纹理贴图的黑白值去反映表面的几何体形态,常用于制造一些立体花纹、山脉地形等模型。在一般的三维软件中都有这种建模方法。

（6）变形球建模

这是一种比较特殊的建模方法,它利用一些具有黏性的球体相互堆积,进行模型的塑造。它的优点主要体现在生物模型的建造上,方便快捷,容易掌握,缺点是产生的模型多边形面太多,不够优化。

除此之外,在实际制作中还存在其他的一些建模方式,如雕刻建模。雕刻建模是直接使用雕刻刀工具对表面进行雕刻建模,可以对 NURBS 曲面和多边形模型进行雕刻,使建模过程更加形象化,对于艺术家来说实在是令人欢欣鼓舞的。Autodesk 旗下的 Maya 还独创了立体绘图技术,可以在模型表面直接绘制三维物体,如羽毛、胡须等,这些都是角色动画的重要工具,目前立体绘图技术还局限于 NURBS 模型。

2. 材质与灯光

在对真实感有着极高要求的动画场景中,为模型赋予接近真实的材质是极为重要的一个环节。在现实世界里的物体由各自不同的材料表现出不同的质地,人们是通过物体表面的光学属性（颜色、反光性、透明度等）和纹理来区分不同材料的质地,动画也正是通过模拟光学属性和纹理来为模型赋予真实世界里种类众多的材质。材质的制作通常可以分为两个方面:光学属性和纹理贴图。

3. 动画

动画制作主要有关键帧动画、路径动画和动力学动画等方式。

关键帧动画是最基本也是最主要的动画制作方式,事实上在软件中几乎所有的动画方法都可以转换为关键帧动画。所谓关键帧动画,就是给需要动画效果的属性,准备一组与时间相关的值,这些值都是在动画序列中比较关键的帧中提取出来的,而其他时间帧中的值,可以用这些关键值,采用特定的插值方法计算得到,从而达到比较流畅的动画效果。

路径动画方式是把物体的运动约束在一个特定的路线上,使其按预先设计的路径运动。操作者可以任意地编辑调节运动路线的形态,方便地制作出一个物体在三维空间飞行的动画。

动力学动画是一种较为特殊的动画方式,用来模拟真实物理条件下物体的运动状态,如碰撞、破碎、下落和漂浮等。一般先为动画对象设定真实的物理属性,然后把对象放置到系统设定的力场中做完全符合物理运动规律的运动。

4. 特效

特效本质上也是动画的一种,只不过它的制作手段比较特殊,从建模到动画都有一套相对独立的方法。特效是动画中的一个难点,其大致可分为动力学特效和环境特效两类。

其中动力学特效的制作主要通过动力学系统和粒子系统来制作,诸如海啸、风暴、爆炸、喷射等自然事件。而环境特效则主要是制作火、云烟、环境大气、光晕等特殊效果。

5. 渲染

渲染,英文为 Render,也有的把它称为着色,但一般把 Shade 称为着色,把 Render 称为渲染。在渲染这步中,必须定位三维场景中的摄像机,这和真实的摄影是一样的。一般来说,三维软件已经提供了四个默认的摄像机,那就是软件中四个主要的窗口,分为顶视图、正视图、侧视图和透视图。我们大多数时候渲染的是透视图而不是其他视图,透视图的摄像机基本遵循真实摄像机的原理,所以我们看到的结果才会和真实的三维世界一样,具备立体感。之后,为了体现空间感,渲染程序要做一些特殊的工作,就是决定哪些物体在前面、哪些物体在后面、哪些物体被遮挡等。空间感仅通过物体的遮挡关系是不能完美再现的,很多初学三维的人只注意立体感的塑造而忽略了空间感,其实空间感和光源的衰减、环境雾、景深效果都是有着密切联系的。

渲染程序通过摄像机获取了需要渲染的范围之后,就要计算光源对物体的影响,这和真实世界的情况又是一样的。许多三维软件都有默认的光源,否则,我们是看不到透视图中的着色效果,更不要说渲染了。因此,渲染程序就是要计算我们在场景中添加的每一个光源对物体的影响。和真实世界中光源不同的是,渲染程序往往要计算大量的辅助光源。在场景中,有的光源会照射所有的物体,而有的光源只照射某个物体,这样使得原本简单的事情又变得复杂起来。在这之后,是使用深度贴图阴影还是使用光线追踪阴影,往往取决于在场景中是否使用了透明材质的物体计算光源投射出来的阴影。另外,使用了面积光源之后,渲染程序还要计算一种特殊的阴影——软阴影(只能使用光线追踪),场景中的光源如果使用了光源特效,渲染程序还将花费更多的系统资源来计算特效的结果,特别是体积光,也称为灯光雾,它会占用大量的系统资源,使用的时候一定要注意。

在此之后,渲染程序还要根据物体的材质来计算物体表面的颜色,材质的类型不同、属性不同、纹理不同都会产生各种不同的效果。而且,这个结果不是独立存在的,它必须和前面所说的光源结合起来。如果场景中有粒子系统,如火焰、烟雾等,渲染程序都要加以考虑。

8.3.2　后期合成

合成技术是在二维或三维空间中,在像素级别上对图像进行操作乃至创造。一般合成软件的工作方式可分为两种:一种是基于层(Layer)的操作方式,这种方式是在时间线上对任意多的图层进行叠加和组合;另一种是基于节点(Node)的方式,这种方式把每一种操作都看作一个节点,节点之间可以任意地非线性连接或打断连接,这样来组合出各种效果。两种方式各有优点,基于层的方式时间概念明确,而基于节点的方式逻辑性更强。

从图像处理的角度而言,合成技术又可以分为三个方面:一是对图像的处理,即对一段连续素材本身的处理,包括对图像色彩、亮度、对比度的调节,图像的变形,图像内局部像素的涂改等;二是对图层的处理,一段连续独立的素材称为图层,对图层的处理包括图层在空间的任意运动,图层间的连接、融合、叠加等;三是生成新的图像,包括制作一些粒子效果等。

8.3.3　表演动画

表演动画是一种新的动画制作方法,它集合了计算机图形学、电子、机械、光学、计算机视觉、计算机动画等技术,通过捕捉表演者的动作甚至表情,用所捕捉到的数据直接驱动动画形象模型。表演动画技术的出现给影视特技制作、动画技术带来了革命性的变化,从根本上改变了影视动画的制作方式,美国影片《阿凡达》就是表演动画技术的代表作之一。

表演动画一般包含两种核心技术,即运动捕捉和动画驱动。

运动捕捉系统是一种用于准确测量运动物体在三维空间运动状况的高技术设备。它基于计算机图形学原理,通过排布在空间中的数个视频捕捉设备将运动物体(跟踪器)的运动状况以图像的形式记录下来,然后使用计算机对该图像数据进行处理,得到不同时间计量单位上不同物体(跟踪器)的空间坐标(x,y,z)。在实际使用过程中,根据各类运动捕捉系统不同的特点和精度,它不光能够进行动作的捕捉,还可以实现表情的捕捉。从原理上来划分,目前常用的运动捕捉系统有机械式、声学式、电磁式和光学式,其中以电磁式和光学式较为常见。

利用运动捕捉得到的真实运动的记录后,需要以动作驱动模型最终生成动画序列。动画系统必须根据动作数据,生成符合生理约束和运动学常识的,并在视觉效果上连贯自然的动画序列,并考虑光照、相机位置等产生的影响。在实际制作过程中,还需要根据剧情需要对捕捉到的运动数据进行编辑和修改,并添加一些特效,以实现预期需求。

思考与练习

1. 试分析比较传统动画与计算机动画的异同点。
2. 简述计算机动画的基本类型。
3. 列举计算机动画技术在数字媒体领域中的应用,并加以简要介绍。
4. 简述主要的计算机动画制作技术,并就其关键技术加以简要说明。
5. 什么是表演动画？其基本原理是什么？

第 9 章
数字影视

数字影视技术的出现与普及,给影视制作方式和视觉媒体都带来了深刻的变化。随着数字技术和计算机技术的发展,影视制作手段得以极大丰富,影视中高难度的视频特技越来越多,也越来越逼真,同时也为影视工作者提供更加充分地施展自己的想象力和创造力的条件与空间。影视屏幕变得更加丰富多彩,大大提升了影视的艺术魅力和竞争力。数字影视防盗版技术的突破,为影视作品版权提供了更完善、更有效的保护手段。数字影视技术也改变了传统影视放映、发行和播放体系。影视的数字化打破了电影、电视、互联网以及电子游戏之间的物质界限,可以说,由于数字技术的发展,各种娱乐形式将逐渐走向融合。

9.1 数字电影技术

我国在 20 世纪 90 年代开始尝试将数字技术引入电影制作,由于具有低成本、高质量的优势,数字电影目前在我国的发展势头很猛。

数字电影是指以数字技术和设备的设置和制作存储,利用磁盘光盘和卫星、光纤等物理媒介的传送,把数字信号变成超过目前电影 35ram 传播标准,图像拥有更高分辨率以及更好的音响效果的电影。完整的数字电影概念,是指将电影摄影、编辑和放映等全过程用数字格式统一起来。

目前,数字电影的类型包括胶片拍摄并转换为数字形式存储放映的电影,也包括直接用数字设备拍摄和制作的全数字的电影,如图 9-1 所示,目前银幕数字化转换已经基本完成,基本进入电影全数字时代。

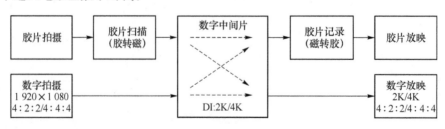

图 9-1　数字电影类型

电影全数字时代在电影产业发展进程中具有重要的里程碑意义,它既不同于胶数转换时代,更不同于胶片电影时代。在电影全数字时代,在信息化和网络化背景下,4K、3D、高帧率(HFR)、巨幕、激光放映、多平面立体声、面向服务架构(SOA)、Web Services、云计算、云存储、云安全、物联网、视频识别(RFID)、数据挖掘、深度学习、智能分析等技术将会在数字电影领域得到越来越广泛的应用,并将对电影行业产生颠覆性影响。

9.1.1　数字电影的技术标准

从数字电影开发的初期,多个国际组织和企业集团就努力着手制订有关数字电影的国际标准,但由于数字电影技术的复杂性,特别是有关的标准内容不可避免地会牵涉各企业、集团甚至国家之间的利益矛盾,因此至今尚未形成统一的国际标准。现有的国际数字电影标准主要有以下 2 种。

1. DCI 数字电影技术规范

2005 年,由 7 大电影制作公司发起成立的数字电影倡导联盟(DCI)正式公布了《数字电影系统技术规范(V1.0)》,2007 年颁布了修正版本 DCIV1.1。目前在各种有关数字电影的规范中,DCI 规范是考虑的最周全的、比较完善的,并具有发展前景的建议。

(1) DCI V1.0 产生了数字电影发行母版(DCDM)。DCDM 主要包含三个部分:图像、音频和字幕。DCI V1.0 建议音频 DCDM 使用 WAV 格式,字幕 DCDM 使用目前比较成熟的 XML 格式,图像 DCDM 的产生过程相对比较复杂。

(2) 压缩标准。数字电影压缩标准为 JPEG2000(ISO/IEC15444-1)。在码流方面,对 2K 和 4K 的解码器做了详细的要求,并明确规定码流的规范要符合(ISO/IEC15444-1:2004/PDAMl)标准。最大码流规定为 250 Mbit/s,每部电影的最大数据量为 500 GB。此外,规范了 2K 发行版在 24 fps 帧率下、48 fps 帧率下和 4K 发行版的最大码流都为 250 Mbit/s。因此,4K 图像比 2K 图像的压缩倍数要大 4 倍。

(3) 数字电影包(DCP)。规定了数字电影发行的文件打包格式,包含压缩、加密、认证等一系列内容,使得节目文件格式的统一成为实际可行的。

(4) 放映亮度。技术规范将放映亮度规定为 14 英尺-朗勃(48 cd/m2)。

(5) 放映机的性能参数。作了更加细化的规定,在图像参数中添加了对像素数、灰度级、轮廓线平滑度、传递函数、色域、色彩精确度的规定,同时在参数规范中又规定了审片室放映级别和影院放映级别两个标准,进一步完善和放宽了对系统放映部分的技术要求。

除了上述内容外,该标准还对存储系统、传输方式、编码码率、图像编码源坐标、编码像素块大小、编码典型成分、量化典型成分、打包、帧编码等细节也作了正式的规定。

目前的数字电影格式为数字电影院过渡期主格式(DTIM),像素点为 1920×1080,其像素点还只与 HDTV 一样。数字电影市场发展的需要和 DCSS 的推出,已迫使 DTIM 面临必须改造升级的境地。

2. SMPTE DC28 数字影院标准

SMPTE DC28 是美国电影电视工程师协会标准委员会(The Society of Motion Picture and Television Engineers,SMPTE)属下的数字影院技术委员会的简称。该委员会成立多年来有多个工作组一直在进行数字电影技术标准的起草,主要涉及技术、统筹、母版制作、压缩、加密、传输、音频、影院系统、放映等九个标准,但不关注摄像和制作环节。

ISO/TC36(国际标准化组织电影技术委员会)是国际上制定、发布电影技术标准的最高机构。因为该组织本身不试验和研制标准,而是把现有的技术规范和要求进行标准化。在目前数字电影技术并没有十分成熟的情况下,并没有起草制订数字电影技术标准的项目和计划。

DCI以其在全球电影领域的垄断优势,制订了一系列数字电影规范,各国必须满足该规范才能获得好莱坞的片源,这是DCI为了最大限度保护影片发行商的利益和巩固其垄断地位而采取的策略。但这对各国的电影观众、影院及相关设备制造商极不公平。如DCI规定:"数字影院的版权和加密系统必须采用惠普和汤姆逊等指定技术,才能通过美国联邦信息安全委员会的认证。"它限制各国发展自主知识产权,并据此收取高额的专利费。

为了保护我国的民族电影产业的发展,从2007年起我国逐步确立适合本国国情的高、中、低三级数字电影发展体系,由广电总局主持陆续制订和颁布了一系列技术标准文件。

(1)在大城市专业影院高端市场,采用与国际接轨的DCI标准

有两个原因:一是由于目前我国电影市场有很大比例依靠国外片源,如果与国外标准不兼容,影片就进不来;二是我国电影也将越来越多的走出国门,为此,我国数字电影的技术标准应尽量同国际和先进国家的标准保持一致。

由此,我国一直在跟踪DCI和SMPTE DC28数字影院标准的进展,并根据进展制订和完善我国相应的技术规范。主要包括:

- 2002年8月制订了我国数字电影第一个技术标准《数字电影放映技术要求(暂行)》;
- 2004年9月根据DCI《数字影院系统规范草案》第三版,制订了《电影数字放映暂行技术要求》;
- 2007年8月根据DCI《数字影院系统规范》V1.1版和SMPTE DC28已公布的相关标准,制订了GD/J017—2007《数字影院暂行技术要求》。

以上这些标准文件称为D-C inema标准,对我国数字电影技术与国际接轨,特别对发展高端数字影院技术起到重要的指导和规范作用。

(2)在农村、社区、厂矿、学校和中小城市,建立E-C inema标准

适合我国国情的数字电影流动放映系统和数字电影中档放映系统,不套用DCI标准,而是采用自有格式,制订我国自主的标准,称为E-C inema标准。主要包括:

- 2005年6月制订了《数字定影流动放映系统暂行技术要求》;
- 2007年5月制订了GD/J013—2007《数字电影流动放映系统技术要求》,取代上述的《暂行技术要求》;
- 2007年8月制订了GD/J014—2007《数字影院(中档)放映系统技术要求》。

GD/J013—2007和GD/J014—2007这两个具有中国特色的数字电影技术标准,分别针对我国中小城市、农村以及非专业固定场所等不同群体、不同层次的需求,对促进数字电影在我国的普及发展起到很大作用。

9.1.2 数字电影放映技术

数字电影制作完成后,数字信号通过卫星、光缆网络直接以数据流的形式传输到影院,或用光盘、磁盘或磁带这样的物理载体直接传送或发行到影院。数字影院则需要装备高亮度、高清晰度、高反差的数字电影放映机,将数字电影放映到银幕上。从而实现了无胶片发行、放映,解决了长期以来胶片制作、发行成本偏高的问题。

1. 当前数字电影的技术的现状

目前,数字立体电影主要依托数字影院放映设备的平台,增加放映数字立体电影的辅助设备和更换金属银幕来放映数字立体电影。数字立体电影的辅助设备包括 Real-D 系统、XPAND 系统、杜比 3D 系统和 Masterimage 系统。

(1) Real-D 系统采用圆偏振技术。在立体放映设备市场中占据着较大份额。该系统中的关键装置被称为 z 屏。它由支架固定在镜头前方,放映时。光束通过 z 屏投射到金属银幕上,其配套眼镜可一次性使用,也可经消毒后重复使用。

(2) 我国应用最多的系统就是 XPAND 系统。它的组成部分包括同步转换器、信号发射器和液晶开关眼镜。该系统的眼镜,其新研发出来的立体眼镜佩戴更舒适,电池也可以更换。

(3) 杜比立体系统是由滤光轮装置、同步控制器和滤光眼镜组成。滤光部件要安装在放映机内部,系统采用杜比服务器,使用高亮度的数字白色屏幕,其眼镜造价较高。

(4) Masterimage 系统是由韩国 KDC 公司研制,它所采用的是圆偏振技术。该系统的组成部分包括圆偏振转盘控制装置和圆偏振眼镜,系统安装在放映机的前方,但是系统体积较大,运行起来噪音较大。

2. 数字立体放映系统的优势

- 数字立体放映技术有着良好的立体显示效果。具有抗干扰性强、画面稳定、无明显重影、画面清晰度及逼真度较高。
- 立体放映系统安装方便,操作也很简单。
- 数字立体放映技术使立体影片制作工艺更为简化,如剪辑、特效、配光调色等方面。如果是制作动画立体影片,就可以利用数字技术虚拟一个摄影机,这样只需要用一条影片的内容就可生成两只眼对应的影片。
- 数字立体放映技术在节目内容上更为丰富,有超乎想象的视觉盛宴,避免了胶片电影复制过程中对画面的损害,可以确保影片的光亮如新,确保画面质量无任何的抖动现象。同时 3D 效果的实现,使人们有身临其境的感觉,大大提高了人们的感官享受。
- 随着电影放映技术的提高,听觉的享受也更加引人入胜,使人充分享受影片的震撼效果,保证了声音的原汁原味,仿佛就在身边耳语一般,避免了声音失真的现象,使声音更好地与画面结合,尤其在欣赏一些音乐会、演唱会的时候,闭上眼仿佛就在现场一般。同时数字立体电影克服了传统胶片立体电影观看时的头晕、疲劳等弊端。数字立体放映技术真正令人有着震撼的听觉盛宴。

9.1.3 数字电影加密技术

根据数字电影工艺特点,考虑其自身的特殊性以及有众多的设备提供商,数字电影的加密有以下特点。

(1) 需要加解密的数据量极大;

(2) 用户希望为实时处理;

(3) 涉及的部门人员众多,关系复杂;

(4) 涉及的技术领域众多,许多技术本身就存在漏洞;

(5) 受到国外片源的影响;

(6) 由于互联网技术的介入,以及市场的不规范性,使得不仅片源管制困难,而且播放设备(播放软件)管制更困难;

(7) 整个电影工业将是商业化越来越彻底的产业,光靠政府的行政命令将难以完全控制,需要引入技术管理手段;

(8) 必须考虑到与现有设备、格式的兼容问题。

第(1)和(2)条表明,一部电影数据量极大(以 TB 计算),而市场则要求实时播放,这在客观上决定了用于电影的加解密算法必须是高效的。而且,在整部电影的播放中,为了加大保密的程度,应考虑采用多密钥的方式,即在一部电影中的不同部分需要不同的密钥来加解密。这两个特点说明,对一部影片全程采用公开密钥体系(即非对称密钥)加密是不现实的,由于该算法的计算量过于庞大,应采用效率高的对称密钥系统或仅对部分加密。

第(3)条表明,整个加密、解密保护,并不是一个简单的采用何种算法的问题。它必须是一个完善的系统工程,涉及各个参与部门、厂商、用户之间的完善管理问题。而且,这一系统还要能随着各个参与者身份、关系的变化进行自身的调整、适应。这显然加大了整个工程设计和实施的难度。

从第(4)条来看,在传统电影技术到现代数字技术的转变过程当中,我们所要研究、探讨的领域扩展到了通信、计算机、软件工程等多个交叉学科。然而,这些技术本身也处于不断更新的过程当中,今天的一个安全体系很可能因为明天诞生的一项新技术被更新,而且许多现在的技术本身就存在着安全的漏洞。这就需要对加、解密这项工程的技术层面考虑得更加全面,对于新的情况、新的问题要有迅速适应和解决的能力。

第(5)条表明,由于通信手段的影响,加、解密技术将不仅是中国国内的事情,还需要紧密与国际相关标准的组织取得共识。我们国家的技术标准应该与国外的技术标准一致,才能在最大程度上防止国外非法片源的流入。

第(6)条表明,我们需要加强对播放设备和片源都要进行管理,这样才能在最大程度上限制非法片源的进入。我们应能保证:授权的设备(即通过电影局许可的设备)能播放授权的片源(正当发行的影片);非授权的设备不能播放授权的片源;非法的片源不能在授权的播放设备上播放。因此,不能仅对某一方面进行处理,需要双管齐下。不仅要对片源加密,而且对于播放设备,尤其是软件播放器,必须有一套完善的管理体系,来保证片源合法地传播。

第(7)条表明,现代电影工业必将向全面的商业化方向发展,因此,该项工程的成功,除了必要的政府行政管制手段外,在商业模式上应促使各方面的参与者从自身获利的角度出发自觉地推广和实施保密工程。在技术上需要从市场的角度考虑,制订行业标准,并参照国际和其他相似行业的成功经验,保证整个工程从设计到实施和市场、国际结合。这是数字电影能得以持续发展的必要因素。

第(8)条表明,由于目前数字电影设备尤其是数字播放器的压缩编码方式分为MPEG、小波、MPEG+等,加密技术的嵌入必须考虑到与这些设备的兼容,以保证无论影院使用什么样的设备都能进行加密保护。这无疑增大了工作的难度。

基于以上的分析,可以看出数字电影工业的加密技术将是一套复杂的、需要不断完善和发展的系统工程。世界上并不存在永远完善、绝对安全的系统。而且随着科技的进步,现在看来比较安全的方式,将来很可能很容易地被突破。因此对保密技术和体系的研究将是一个长期反复的过程。

9.1.4　数字高清晰技术

高清是广电行业数字化发展的前沿科技。2004 年电影频道高清影片制作已逐步进入规模化、规范化摄制阶段。在实践中我们不断探索数字高清新技术、不断完善数字高清制作设备和制作手段,摸索出了新的工艺、新的技术。

高清晰电影,即 HDTV(Hign Definition Television),采用的是数字信号传输方式,从电视节目的采集、制作到电视节目的传输以及用户终端的接收全部实现数字化,是数字电视 DTV 中最高标准的一种,它规定了对应设备视频必须至少具备 720p 或 1080i 扫描,屏幕纵横比为 16∶9,音频输出为杜比数字格式 5.1 声道,同时能兼容接收其他较低格式的信号并进行数字化处理重放。目前主流的 HDTV 有三种格式,分别是 720p、1080i和 1080p。

HDTV 翻译成中文是“高清晰度电视”的意思,HDTV 技术源之于 DTV(Digital Television)“数字电视”技术,HDTV 技术和 DTV 技术都是采用数字信号,而 HDTV 技术则属于 DTV 的最高标准,拥有最佳的视频、音频效果。HDTV 与当前采用模拟信号传输的传统电视系统不同,HDTV 采用了数字信号传输。由于 HDTV 从电视节目的采集、制作到电视节目的传输,以及到用户终端的接收全部实现数字化,因此 HDTV 给我们带来了极高的清晰度,分辨率最高可达 1920×1080,帧率高达 60fps。除此之外,HDTV 的屏幕宽高比也由原先的 4∶3 变成了 16∶9,若使用大屏幕显示则有亲临影院的感觉。同时由于运用了数字技术,信号抗噪能力也大大加强,在声音系统上,HDTV 支持杜比 5.1声道传送,带给人 Hi-Fi 级别的听觉享受。与模拟电视相比,数字电视具有高清晰画面、高保真立体声伴音、电视信号可以存储、可与计算机完成多媒体系统、强大的抗干扰能力等多种优点,诸多的优点也必然推动 HDTV 成为家庭影院的主力。

HDTV 的最大特点就是高清晰,而目前大多数的背投、液晶、等离子等显示设备却不一定能够达到信号源的分辨率,也即是说,显示设备无法把信号源的优势发挥出来。调查显示,能完美表现 HDTV 的显示设备是投影机,游戏玩家最希望得到的播放设备也是投影机。投影机的最大优势在于大屏幕,可以轻易达到 100 英寸以上,视觉冲击力非常强。

目前多数视频投影机只支持 720p 和 1080i 的分辨率格式,而少数可支持 1080p 分辨率格式。但是即使是 720p 的投影画面,其清晰度也比 DVD 高出很多,目前的 DVD 只提供了 480i 或 480p 的格式输出。

作为传统显示设备中的电视机最大尺寸也在 50 英寸左右,画面的宽高比都是默认的 4∶3,而且雪花、闪烁也经常出现,实在满足不了人们对大屏幕显示的需求。虽然后来出现了支持 16∶9 和 4∶3 两种模式的大屏幕电视,如等离子电视、背投电视、液晶电视等,但它们也难以突破 100 英寸的极限,相对于投影机的 100～300 英寸就不得不汗颜了。而且传统的电视机也存在体积过大、太过笨重、无法轻易移动、散热量大、镜面容易被划花、镜面反射干扰观看,而且价钱也相当昂贵等。

相比之下,投影作为新一代的显示设备,在我国教育及商务领域已经得到了很大的普及应用,并在家用市场显出非常大的发展潜力。其优势在于:高画质,投影机已经能够输出 1080i、720p 或更高的信号格式,并且能够往下兼容不同的信号;大画面显示,投影机可以轻易实现 100 英寸以上的大画面显示;并且有一个任何电视机都无法比拟的优势,就是可以随意调节投影画面的大小,并且可以任意移动使用。因此,HDTV 与投影机的联姻是势不可挡的。

9.2 数字视频节目制作技术

9.2.1 数字视频节目制作方式与记录格式

视频节目制作技术是借助于计算机技术,以数字或模拟信号的形式实现创作、处理和编辑视频图像及其组成单元(图像、动画、转换、特技效果以及音频)的技术。目前数字技术已广泛应用于摄像系统、录像系统和非线性编辑系统,最新一代的电子新闻摄像机可以将节目信号直接录制到数字录像带或计算机磁盘上,它小型轻便却具有高质素和高性能的特点。数字录像的优点是可以制作出高质量的图像和声音,可以直接在计算机上操作非线性编辑,进行数字后期制作,计算机储存信号的方式使节目即使经过大量复制后仍然保持质量,而且,数字信号可以大量储存和长时间保存,信号传送可以更加快捷方便。总之,数字技术的开发和应用,几乎克服了模拟信号的所有缺点,当它从局部的数字化技术应用发展到真正意义上的全数字电视,即从摄像、录像、编辑到节目传送、发射、接收的全过程都采用数字信号和数字设备的时候,电视节目制作方式将再次发生革命性的变化。

它有三种制作方式:一是计算机生成;二是用高清晰数字摄像机拍摄;三是用胶片摄影机拍摄完成后,再数字化到电脑硬盘里。

从这三种拍摄方式的效果看,因为胶片的分辨率和色彩还原度还远不是目前数字电影能够赶得上的。这与成像原理不同有关,卤化银软片基于自然感光成像,其颗粒的细腻程度远远大过电荷耦合元件(Charge-Coupled Device,CCD)的人工设计光电学像素,随着电脑技术的不断提高,高清晰数字摄像机的分辨率技术指标会逐渐接近甚至达到胶片摄影机的水平,但在色彩还原度上,高清数字摄像机仍旧无法达到胶片摄影机。

所以,未来很长一段时间里,最佳的院线级数字电影制作方式,仍旧是前期胶片拍摄,经过胶片洗印转数字信号进行后期编辑、处理后,再转为数字视频技术放映。因前期拍摄的素材画质已经确定,后期转为数字放映,由数字技术将卤化银的色彩和细节进行精确定位,其放映效果远远超过胶片放映机,避免了胶片的闪烁、模糊等缺点。

电影院大片的"数字版"即为上述技术的成功实践。根据德国传统的著名胶片摄影机品牌——阿莱数字技术研究实验室 2009 年的研究结果表明:当他们将数字摄影机的 CCD 像素无限扩大之后(8K),在实验室最精良的条件下进行测试,影像的锐度达到惊人的细腻度,甚至人的毛孔绒毛都能看清楚,但是在色彩还原度和饱和度上,数字摄影机仍旧与胶片摄影机之间差距很大,数字技术几乎不可能达到胶片对色彩的敏锐度。因为数字技术的颜色,全是靠人工模拟的色彩种类,例如:被摄物体中某一个点上的颜色是 CCD 耦合电路中所没有的,那么 CCD 就只能找一个最接近的去替代它,一旦这种情况多起来,色彩的还原度就会大大降低。

另外,在光感宽容度上,数字摄影机仍旧很弱。同等条件下,胶片摄影机只需要打一盏灯甚至不需要打灯,但数字摄影机却需要两盏甚至更多的灯光来弥补 CCD 的感光问题。在对比度上,数字技术的细节还原度大大降低,当被摄物体的亮部和暗部对比较强时,数字技术对细节的捕捉和"宽容性"就会出现严重的问题,这也就是我们看数字拍摄的电影之时,会发现,当画面明暗对比较强时,数字技术的电影,暗部的细节就会很少,甚至黑乎乎一片,但胶片电影却能呈现出非常微妙的细节和色彩对比。

该实验室的负责人最后的结论是:"在现今条件下,我们从电影艺术的角度看,数字技术全面取代胶片技术,仍旧没有充足的理由,我们看不到数字技术的决定性优势。"

所以,从技术的角度来看,数字技术的前景,更加接近电视艺术,而非电影。在数字技术已诞生 30 余年的今天,世界拍摄电影的主流仍然是胶片摄影机,大概能够说明问题。数字技术最大的优势在于成本和作品母带的保存效果,同等条件下,胶片对作品的保存,只能在 50 年之内,甚至 30 年,因为卤化银具有一定的挥发性。从时间上说,硬盘的数字技术,几乎是无损的。

视频节目制作技术包含三个主要的系统质量级别:用户级、专业级和广播级(ITU-R601)。前期拍摄使用的设备级别与后期制作使用的系统配置是划分以上三个类别的主要标准。专业级以上的视频制作技术被广泛地用于制作和创作高质量影视产品,其中包括有限的视频和音频层以及复杂的效果,其主要特点是使用专用硬件设备和非压缩或低压缩的视频处理方法。而与之相对应的用户级视频制作技术则往往使用商品化的硬件设备和视频信号编辑及处理软件,以及众多的压缩方法。用户级视频制作系统具有低价格、易操作和制作场地小等特点,但是采用用户级视频制作、系统制作的节目,其最终视频播放的帧频较低、图像分辨率较差。

1. 视频节目制作与编辑方式

根据进行制作与编辑的视频和音频信号存储的媒介的不同,一般将其分为线性编辑与非线性编辑。模拟视频信号(盒式录像带"VCR",摄录一体机,电视和激光视盘播放器)和数字视频信号(数字摄像机和视频采集器)构成了视频节目制作系统主要的信号源。视频节目制作与编辑可以采用线性和非线性编辑系统,以及混合系统。线性和数字化视频制作系统的组成如图 9-2 所示。

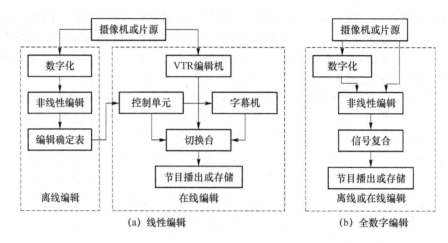

图 9-2　线性和数字化视频制作系统的组成单元和信息流程

通过计算机产生的编辑决定表(EDL)仅用于控制外部设备,然后相应地控制单元遵照 EDL 发出的指令来启动视频信号磁带录像机(VTR)、字符发生器、转换器和特技效果发生器,制作成最终的录像磁带。当通过一台或多台 VTR 的不断向前和向后卷绕进行相应的剪辑,增加各种效果或特技时,另一台 VTR 将编辑生成后的新视频图像及其他信息录制在主录像带上。在非线性视频制作系统中,计算机参与所有数字编辑和数字效果的处理,直到最终将信号输出至模拟或数字存储媒介,或直接播出或输出到 EDL 中去。数字视频信号突破性的优势在于它可进行非连续结构的编辑,允许用户以任意的顺序进行多重剪辑,更容易采用复杂的图像和特技效果。另外,可以节省用户搜索、倒带和进带等磁带编辑的时间,减轻烦琐的人工操作工作。因此,非线性编辑在一定程度上已经取代了传统的线性编辑方式,同时也为媒体管理、流媒体存储与发布、数字电视等发展奠定了基础。

离线编辑是指在编辑时不使用高质量的原始素材进行剪辑。一般将原始素材进行复制,得到一个工作版本,其内容、时间码均与原始素材相同,供进行剪辑时使用。当最终确定剪辑方案时,再使用原始素材剪辑。在线编辑就是直接用拍摄所得的原始素材进行剪辑。在计算机非线性编辑中,离线编辑则还可以采用低质量的视频格式先进行剪辑,这样可以大大提高工作效率。剪辑完成后,可以输出 EDL 表,再利用 EDL 表,把原始素材采集到计算机的非线性系统中,替代低质量的视频内容,从而完成编辑,播出或存储。

2. 视频记录格式

在视频节目制作时,有许多不同的视频记录格式。用户可以根据自己不同的需要采用相应视频格式进行摄制和制作。主流的几种高清记录格式有以下几种。

表 9-1　主要的视频记录格式及其视频参数

格式	取样	量化	压缩方式	压缩比	传输码率
DVCAM	4:2:0	8 bit	DCT 帧内压缩	5:1	3.5 Mbit/s
DVCPRO25	4:1:1	8 bit	DCT 帧内压缩	5:1	25 Mbit/s
DVCPRO50	4:2:2	8 bit	帧内压缩	3.3:1	50 Mbit/s
BETACAM SX	4:2:2	10 bit	MPEG-2P@ML	10:1	18 Mbit/s

续　表

格式	取样	量化	压缩方式	压缩比	传输码率
数字 BETACAM	4∶2∶2	10 bit	帧内压缩	2∶1	125.8 Mbit/s
MPEG IMX	4∶2∶2	10 bit	MPEG-2P@ML Ⅰ帧压缩	3.3∶1	50 Mbit/s
HDCAM	4∶4∶4	12 bit	JPEG-2000	无压缩	140 Mbit/s

(1) HDCAM：Sony 的 1/2 英寸高清录像机主力记录格式，smpte D11 标准 3∶1∶1 (1440∶480∶480)，8 bit DCT＋VLC 帧内压缩，压缩率约 4.4∶1，其码率为 140 Mbit/s 左右，虽然是 3/4 清晰度的 HD 记录格式，但压缩率相对较小，其图像质量被广泛接受，但只能通过 HD-SDI 接口来传送信号，不能通过 1394 和以太网来传送数据(Sony 自己有一种非编的输入卡，可以通过 SDTI 接口来传送 HDCAM 的原生格式数据到非编，但是只有 Sony 自己的 Xpri 非编使用，没有开放给其他公司)，并且这种格式只在 Sony 自己的 XPRI HD 非编上被用作非编的编辑格式，其他的非编，还没有看到使用这种格式来进行直接编辑的。

(2) HDCAM SR：从 HDCAM 发展出来的更高档次的录像格式，使用在高端的电影拍摄领域。其记录格式是基于 MPEG4 SP(studio profile)压缩，全分辨率 4∶2∶2 10 bit 或 4∶4∶4 10 bit 处理，压缩率约 2.7∶1，码率达到 440 Mbit/s。HDCAM SR 录像机在传送信号时必须使用 dual-link 技术，就是使用两个 HD-SDI 接口来传送一路信号，一个 HD-SDI 传送 4∶2∶2 的信号，另外一个 HD-SDI 接口传送 0∶2∶2 的附加彩色信号，也就是说，如果非编要和这种录像机连接，必须具有 dual-link 的接口卡，目前只有 decklink 和 bluefish 有这样的 dual-link 接口卡。

(3) HD-D5：是松下的 1/2 英寸高端 HD 录像机格式，仅仅有录像机，没有摄录机。约 4∶1(8 bit)或 5∶1(10 bit)的压缩比，4∶2∶2(1 920∶960∶960)8 bit 或 10 bit DCT＋VLC 帧内压缩，码率 235 Mbit/s 被应用在较为高端的 HD 制作领域，但是普及率很低，价格高昂。

(4) DVCPRO HD：是松下的 1/4 英寸高清录像机主力格式，也叫 D7 HD 格式。采用 4∶2∶2 (1 280∶640∶640)8 bit DVCPRO 100 压缩格式，压缩率较大，码率是 100 Mbit/s。这种格式的录像机除了具有 HD-SDI 的接口外，还可以通过 1394 接口将数据传送到非编，不过，由于 100 Mbit/s 的码率造成其图像质量要低于 Sony 的 HDCAM，因此，这种格式的应用目前不太广泛。

(5) HDV：是一种准高清格式，其记录格式是采用固定码率，以 MPEG2-TS 形式封装，Sony 的 HDV 码率是 25 Mbit/s，JVC 的码率是 18 Mbit/s，这两种格式的 HDV 都具有模拟高清分量输出接口，也可以通过 1394 接口将 HDV 压缩数据传送到非编。

(6) XDCAM HD：是 Sony 即将推出的专业高清设备，采用蓝光盘来记录，其压缩格式基本上和 HDV 相似，预计也是长 GOP 的 MP@H14，MPEG-TS 封装，码率有 35 Mbit/s (4∶2∶0)和 50 Mbit/s(4∶2∶2)两种，应该说，可以比 HDV 具有更好的图像质量，与标清的 XDCAM 一样，有 1394 接口和以太网接口，可以直接将原生 XDCAMHD 数据传送到非编里面。

9.2.2 非线性编辑技术

非线性编辑技术覆盖了数字媒体技术应用的主要领域,包括数字视音频技术、数字存储、数字图像处理、计算机图形和网络技术等,是数字媒体技术在影视领域应用的典型代表。非线性编辑这一概念是从电影剪辑中借用而来,是传统设备与计算机技术结合的产物,它利用计算机数字化地记录所有视频片段并将它们存储在硬盘上。由于计算机对媒体的交互性,人们可以对存储的数字化文件反复更新并编辑视频节目。从本质上讲这种技术提供了一种方便、快捷、高效的电视编辑方法,使得任何片段都可以立即观看并随时任意修改。非线性编辑被赋予了很多新的含义。从狭义上讲,非线性编辑是指剪切、复制和粘贴素材无须在存储介质上重新安排它们。而传统的录像带编辑、素材存放都是有次序的,必须反复搜索,并在另一个录像带中重新安排它们,因此被称为线性编辑。从广义上讲,非线性编辑是指在用计算机编辑视频的同时,还能实现诸多的处理效果,如特技等。

1. 非线性编辑系统的构成

从技术上看,非线性编辑系统是由两部分构成的,一是硬件设备,二是软件平台。硬件设备包括计算机、硬盘、视频处理卡以及外围设备等。软件平台除了计算机系统运行所必需的操作软件、网络软件等外,最主要的是视音频采集、处理和编辑应用软件。非线性编辑系统的构成如图 9-3 所示。

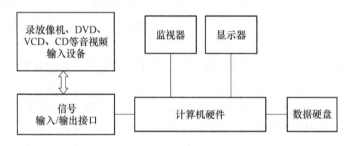

图 9-3　非线性编辑系统的构成

2. 非线性编辑的硬件平台

(1) 计算机硬件平台

目前的非线性编辑系统,不论复杂程度和价格高低如何,一般都是以通用的工作站或个人计算机作为系统平台的,编辑过程中和编辑结果的视音频数据均存储在硬盘里。编辑的过程就是高速高效地处理数字化的视音频信号。对于高质量的活动图像,图像存储载体与编辑装置间的传输码率应在 100 Mbit/s 以上,存储载体的容量应达几十 GB 或更高。

从这些年非线性编辑系统产品的发展来看,"高性能多媒体计算机＋大容量高速硬盘＋广播级视音频处理卡＋专业非线性编辑软件"这样的产品组合架构已被广大业内人士所认可。在这种架构的非线性编辑系统产品中,计算机属于基础硬件平台,任何一台非线性编辑系统都必须建立在一台多媒体计算机上,它要完成数据存储管理、视音频处理卡工作控制、软件运行等任务,它的性能和稳定性决定了整个系统的运行状态。除了极少数厂商将它们的系统建立在自有平台上以外,作为一个标准化的发展趋势,越来越多的系统采用的是通用硬件平台。一般是以 PC 机、Macintosh 机为主,比较高档的非线性编辑系统采用的是类似于 SGI 的 Octane、O2 工作站这样的操作平台,或者更为昂贵的 ONYX 系统。如 AVID 公司的 Media Fusion 运行在 SGI 工作站上,Media Spectrum 是运行在 ONYX 平台上的高价位产品。早期的系统大多选择了 Macintosh 机,因为当时 Macintosh 机与 PC 机相比在交互性和多媒体方面有着先天的优势。然而随着 PC 机的迅速发展,CPU 的性能越来越高,总线速度越来越高,使得当年需要在小型机或工作站上完成的工作,如今在 PC 机就可以胜任,PC 机在非线性编辑系统平台竞争中处于更加有力的竞争地位。

需要指出的是,非线性编辑系统的大部分特技功能并不是依赖计算机 CPU 的计算速度来实现的,在这里计算机所起的主要作用是管理人机界面、提供字幕、支持网络。而特技和合成主要是靠专门的特技加速卡来完成的。

随着 PC 机的发展,基于 PC 机上的系统软件平台 Windows 也不断发展,继 Microsoft 推出 Windows 98 和 Windows NT 这样功能强大的操作系统后,又推出了 Windows 2000、Windows XP、Windows 7 和 Windows 8。目前 Windows 系列成为非线性编辑的主流系统软件平台。

（2）视音频处理卡

视音频处理卡是非线性编辑系统的"引擎",在非线性编辑系统中起着举足轻重的作用,它直接决定着整个系统的性能。它主要有以下功能。

一是完成视、音频信号的 A/D、D/A 转换,即进行视频、音频信号的采集、压缩/解压缩和最后输出等功能,也称这类卡为视频采集卡。视音频处理卡是模拟信号与数字信号的分水岭,所有模拟视音频信号在此经过 A/D 变换后,每一段素材都成为了一个视频文件存放在硬盘阵列中,供计算机进行数字域的处理。需要输出的视音频数码流经过 D/A 变换成为可供记录或直播的视音频信号。视音频处理卡上包括模拟信号接口如复合、分量、S-VIDEO,已涵盖现有模拟电视系统的所有接口形式,也包括像 IEEE-1394 和 SDI 这样的数字接口。

视频采集卡是非线性编辑系统产品的决定性部件。一套非线性编辑系统所能达到什么样的视频质量,与视频采集卡的性能密切相关。压缩与解压缩是视频采集卡的核心内容。在数字视频信号不能被有效且高质量地压缩时,非线性编辑都是在昂贵的工作站上实现的。因为庞大的数字视频数据量使苹果机和普通 PC 机都不堪重负,不能正常处理数码率高达 216 Mbit/s 的无压缩数字分量视频信号或者 142 Mbit/s 的无压缩数字复合数字视频信号,从而无法胜任无压缩数字视频信号的非线性编辑工作。然而,随着数字图像压缩技术的发展,各种图像压缩算法日臻成熟,使得在苹果机和 PC 机上进行视频非线性编辑成为现实,这些图像压缩算法是实现相对廉价的视频非线性编辑的关键所在。而视频采集卡正是采用这样的压缩算法。只不过它把压缩程序集成在硬件中。目前,国内外的非线性编辑系统,大都是采用 Motion-JPEG 算法。这种压缩算法对活动的视频图像通过实行实时帧内编码过程单独地压缩每一帧,可以进行精确到帧的后期编辑。Motion-

JPEG 的压缩和解压缩是对称的,可以由相同的硬件和软件来实现,这对压缩/解压电路实现高度集成化有帮助。由于这种算法不太复杂,可以用很小的压缩比(2:1)进行全帧采集,从而实现广播级指标所要求的无损压缩。

二是进行特技的加速。以前的非线性编辑系统多使用软件的方式制作特技,需要漫长的生成时间,效率很低,只能依靠计算机的计算能力。而且信号又被重新压缩,图像质量低劣。视频处理卡中的 DVE 特技板,可以完成两路或多路的实时特技。用硬件方式来完成特技的制作,速度快,效率高,还可以实时回放。

三是叠加字幕的功能。早期的非线性编辑系统中这三类卡是独立的,分别安放在不同的插槽中。这样既烦琐又增加了故障出现的概率,也影响处理速度。目前已经将视音频采集、压缩与解压缩、视音频回放、实时特技、字幕等全部集成在同一块卡或一套卡上,使得整个系统的硬件结构非常简洁。

压缩与解压缩是视频处理卡的核心内容,因为庞大的数字视频数据量使普通的计算机都不堪重负,不能正常处理数码率高达 216 Mbit/s(27MB/s)的无压缩数字分量视频信号或者 142 Mbit/s(17.75 MB/s)的无压缩数字复合视频信号,从而无法胜任无压缩数字视频信号的非线性编辑工作。目前,我国拥有的非线性编辑系统大都是采用 M-JPEG 算法。这种压缩算法对活动的视频图像通过实行实时帧内编码过程单独地压缩每一帧,可以进行精确到帧的后期编辑。由于这种算法不太复杂,可以用很小的压缩比(2:1)进行全帧采集,从而实现广播级指标所要求的无损压缩。若采用广播级指标进行 2:1 压缩,经过压缩的数字视频信号其数码率仍有 108 Mbit/s(分量视频)或 71 Mbit/s(复合视频)。

(3) 大容量数字存储载体

数字非线性编辑系统所要存储的是大量的视频音频素材,数据量极大,因此需要大容量的存储载体,在目前情况下硬磁盘(即硬盘)是一种最佳的选择。非线性编辑的特点对硬盘的容量和读写速度提出了更高的要求。影响硬盘数据传输率的因素一是磁头的读写速度;二是接口类型和总线速度。磁头的读写速度既取决于采用何种磁头技术(如磁阻式磁头技术),又取决于硬盘的主轴转速。现在常见的硬盘转速有 4 500 rpm、5 400 rpm、7 200 rpm、10 000 rpm。

用于非线性编辑系统的硬盘从 4.3G、9G、18G 发展到更大容量,也难以满足系统的需要,硬盘阵列技术成为大容量数字存储载体今后的发展方向。硬盘阵列(Redundant Array of Inexpensive Disk,RAID)是具有冗余度的多重化磁盘阵列,它有独立的机箱和供电系统,不占计算机 CPU 资源,与计算机操作系统无关,利用若干台小型硬盘加上控制器按一定的组合条件而组成一个大容量快速响应的存储系统,从用户看是一个大硬盘。这一硬盘技术不但大大提高硬盘的容量和读写速度,更重要的是提高了系统的可靠性。当硬盘塔中某一个硬盘遭到物理损坏时,可将其热拔出,并将备份磁盘热插入,系统内的 RAID 控制器将利用冗余硬盘中的数据进行恢复。故一个硬盘发生故障时不成问题,能继续保持播出工作。而且在不切断电源下也可以更换硬盘,所以维修中更换故障硬盘不必使系统停止工作。另外,随着光盘技术的发展,今后将能开发出大容量、低价格、便于携带的可读写光盘技术用于非线性编辑系统,这将大大改善非线性编辑系统的性能。

（4）非线性编辑接口

非线性编辑系统在工作时，视音频素材是从录像机上载至计算机的硬盘上，经过编辑后再输出至录像机记录下来。信号的传送是通过视音频信号接口来实现的。另外，为了适合网络传送的需要，非线性编辑系统的接口也要考虑到广播电视数字技术及计算机网络发展的潮流。在非线性编辑系统中，数字接口有两部分组成：计算机内部存储体与系统总线的接口，以及非线性编辑系统与外部设备的接口。与外部设备的接口也包括两部分：与数字设备连接的接口及与网络连接的接口。

3. 非线性编辑主要应用软件

从非线性编辑系统的硬件结构来看，它只是完成了视音频数据的输入/输出、压缩/解压缩、存储等工作，这还不够。要完成非线性编辑工作，还要有相应的应用软件，才能组成一套完善的非线性编辑系统。目前常用的编辑软件有：Premiere、DPS、Avid、Final Cut Pro 等。

Premiere 是 Adobe 公司出品的著名产品，是一个功能多样的实时视频和音频编辑工具。由于同为 Adobe 公司出品，所以 Premiere 可以与平面设计软件 Photoshop 以及后期合成软件 After Effects 紧密合作。由于 Premiere 是以 Windows XP 为平台，对计算机硬件的要求也不太高，所以普及率较高。只要配置一台电脑，基本上都可以安装 Premiere 软件并使用。

DPS Velocity 由加拿大 DPS 公司出品。DPS 软件使用起来非常方便，性能也比较强大，实时性很强。目前很多电视台、影视制作公司都在使用 DPS 编辑系统。如上海电视台、阳光卫视等。Velocity HD 完全可以做到无压缩，二、三维实时，是一款极高质量的高清非线性编辑产品。而在标清方面，目前最新的版本为 Velocity Q。DPS Velocity Q 是目前唯一能够提供拥有四层视频和六层图形，以及由 Q3DX4 quad-DVE 模块提供四条实时三维 DVE 通道的系统，功能十分强大。

Avid 的产品用于电视制作、新闻制作、商业广告、音乐节目及 CD、企业/工业产品和主要的影片制作。Avid 是世界著名的后期非线性编辑系统，美国好莱坞的很多电影、电视剧都是由 Avid 软件剪辑的。

Final Cut Pro 是苹果公司出品的著名后期非线性编辑软件。它提供了强大且精确的剪辑工具，几乎可以处理任何格式的媒体，包括 DV、原版 HDV 或完全未经压缩的 HD。FinalCut Pro 优势在于处理速度，它拥有实时多重流特效结构、多镜头剪辑工具以及先进的色彩修正功能。Figal Cut Pro 能和苹果电脑公司其他的专业音视频软件直观整合，方便快捷，主要应用于高清电影、电视节目的后期制作。

9.2.3　虚拟演播室技术

虚拟演播室（Virtual Studio）是近年发展起来的一种新兴电视制作技术，是传统演播室色键抠像技术与计算机虚拟现实相结合的产物。它将摄像机拍摄的图像与计算机制作的虚拟场景完美地结合起来，创造出令人异想天开的虚拟世界。这一技术的应用，使得电视工作者摆脱了时间、空间及道具制作方面的限制，能够自由地遨游在广阔的想象空间之中,极大地提高了电视台的节目创作及制作能力。并且由于虚拟场景的制作、修改、保存都是在计算机中进行,省去了真实场景的搭建、拆卸、储藏等环节,降低了节目制作的费用,提高了演播室的效率。虚拟演播室适合于新闻、采访、座谈、音乐、教育、体育报道、天气预报等多种类型节目的制作。

一套典型的虚拟演播室系统主要由摄像机同步跟踪系统、虚拟背景生成系统及视频合成系统组成。

(1) 同步跟踪系统

虚拟演播室中如何正确判断摄像机、主持人及虚拟背景之间的相对位置关系,是实现前、背景图像完全同步联动、再现起初的透视关系的关键所在,因此就需要有 1 个能够随时检测和提供摄像机运动参数和演员位置参数的系统,这就是摄像机同步跟踪系统。

虚拟演播室与传统色键抠像的主要区别之一就在于它有一套摄像机同步跟踪系统,即提取摄像机运动参数,以保证虚拟背景与真实前景之间的透视关系严格一致。摄像机运动参数包括镜头运动参数(变焦、聚焦、光圈)、机头运动参数(摇移、俯仰)及空间位置参数等。现在常见的同步跟踪系统有传感器、网格识别和红外线跟踪技术三种。

• 传感器跟踪技术是通过安装在摄像机的云台和镜头上的传感器获取摄像机的动作参数。从液压摇摆头上的编码器得到上下左右位置参数。编码器测量摄像机上下左右运动的角度得到其位置参数,再通过串行位置接口将数据输入计算机。为了保证测量的精度,镜头编码器和机头编码器一般都采用高分辨的光学编码器。这种跟踪方式是目前虚拟演播室主要使用的跟踪方式,它的优点是工作稳定、跟踪数据没有延时,无需额外的工作站处理跟踪信息,获取的运动参数精度高、单一蓝色背景布光容易、摄像机运动不受限制等;缺点是每台摄像机必须有一个跟踪器,有的摄像机不适合加装传感器,需对机头部分进行改造。

• 网格识别跟踪技术是通过对摄像机所摄图像的画面过程进行分析和识别来确定摄像机的各种运动参数。它是在深蓝色背景幕布上用不同饱和度的浅蓝色绘制的大小、线条粗细不等的网格,以四个相邻的网格为最小识别单位,而且任意相邻的四个网格的组合都是不同的。摄像机拍摄前景的同时也拍摄了网格,送到数字视频处理器中进行处理,通过对所拍摄画面中网格的旋转和透视关系进行计算,得到有关摄像机的动作参数。它的优点是,不需加装传感器对摄像机进行改造,对摄像机的移动没有轨道限制,无须镜头校准。缺点是,由于背景是两种色度的蓝色,对色键的效果有影响,对色键过程中的阴影很难处理。选用网格识别跟踪技术解决了用传感器的摄像机系统所造成的限制及标准要求,便于摄像师能运用各种摄像机从不同的角度进行拍摄。

• 红外线跟踪技术是利用红外线收发装置来检测表演的位置,与传感器跟踪方法类似。不同的是红外线的发射装置可安装于表演者和摄像机上,而接收装置可安装于演播室四周。采用这种技术可实现 360°拍摄区,使摄像机在蓝色演播室真实场景中的运动不受限制。

(2) 虚拟场景生成系统

虚拟演播室的背景图像可以是来自录像机或摄像机的视频图像,也可以是静止图像,但使用最多的是计算机创作的二维或三维图形(Computer Graphics,CG),即虚拟场景。

虚拟场景可分为二维虚拟场景和三维虚拟场景,所谓二维虚拟场景是指景物没有厚度,只提供一个平面背景,而在三维虚拟场景中景物是立体的,具有 Z 方向的厚度,在具有虚拟后景的同时,也提供虚拟前景。人物可在前景与后景之间穿插、运动,从而增强了视觉效果的纵深感和真实感。

三维虚拟场景的制作流程比较复杂,一般可分为几个步骤:首先要对虚拟场景中出现的所有物体按自然尺寸比例建成三维模型,然后在模型上添加材质,描绘纹理;其次是将模型在虚拟场景中定位,制作灯光效果以及阴影;最后是制作在实际拍摄过程中虚拟场景出现的事件序列和特技效果,目前用于虚拟场景制作的主要软件有 Softimage,Alias/wavefront,3Dmax 等,它们一般都具有建模、描绘和特技等功能。

（3）视频合成系统

虚拟演播室的视频合成系统仍采用传统演播室多年来一直使用的色键抠像技术,即前景与背景的混合是通过色键混合器来完成的,一般采用 Ultimatte、Primatte 等色键合成器。为保证容易抠像,应使蓝色幕布处于均匀照明之下,演员的服装及小道具的颜色也应注意。蓝色幕布应使用纯正的色键蓝色,其空间大小应保证演员有足够的移动范围。

另外,由于图形工作站创建出来的三维虚拟场景中每一个像素都带有景深值 z,即深度信息,而摄像机提供的前景图像是没有深度信息的,因此要实现演员在虚拟环境中行为逼真,各物体间的遮挡关系显得尤为重要。这便引出了深度键的概念。采用层次等级深度键可将物体分为有限数目的深度层次,使物体之间实现相互遮挡;而像素等级深度键是按像素划分等级,可使演员处于虚拟场景中的正确位置。当真实的人物、景物与虚拟景物动态遮挡时,通过深度键技术,就可以实现逼真的三维效果。

9.3　数字特效

在电影技术的种群中,数字特效还算是个青年人,1977 年,美国人乔治·卢卡斯将它运用到《星球大战》中,开创了大量使用计算机技术合成电影画面的先河,在电影史上起了划时代的意义。从此,随着计算机技术的飞速发展,电影工业迅速走进了一个数字特效开创的新的创作天地。到 1996 年,美国 50% 以上的影片用计算机技术制作画面。中国的电影人也紧随其后,1995 年,计算机图像技术被应用在上影厂拍摄的《兰陵王》中。人类进入新世纪后,数字特效在电影中的应用更是不胜枚举。他已不仅仅是后期剪辑中的一个补充,而渗入到电影生产的方方面面,从剧本的创作、策划到前期的摄影、置景、道具,到后期的合成、剪辑,无处不发挥着他巨大的功力,让电影创作超出了人类有限的视点和运动轨迹,轻易地拨动着观众的每一根神经,让观众的想象力可以随意驰骋在无疆的草原上。

9.3.1　影视特效与数字特效

影视特效作为电影产业中不可或缺的元素之一,为电影的发展做出了巨大的贡献。从制作手段来说,大致可分为两种。

1. 传统特效

传统特效又可细分为：化妆、搭景、烟火特效、早期胶片特效等。在电脑出现之前所有特效都依赖传统特效完成。大家熟知的就是 20 世纪 80 年代的西游记，里面妖魔鬼怪全部由传统特效的化妆完成。专业人士制作妖怪的面具，演员再套在头上进行拍摄。搭景体现为天宫的场景，建造一些类似于天宫的建筑，再放一些烟，就营造出天宫云雾缭绕的情景。孙悟空跳上天空的镜头由胶片特效完成，不过电脑出现后，这种手段已淘汰。

2. CG 特效

CG 的意思可以理解为电脑创作。当传统特效手段无法满足影片要求的时候，就需要 CG 特效来实现，CG 特效几乎可以实现所有人类能想象出来的效果。代表世界顶尖水平的公司有：工业光魔、Digital Domain、新西兰维塔公司等，近二十年中无数震撼人心的大片大都由这几家公司完成。下面简要介绍一下这三家公司。

工业光魔由乔治卢卡斯 1975 年创立，代表作包括：《阿凡达》《变形金刚》《加勒比海盗》《终结者》《侏罗纪公园》《星球大战》等。最为经典的作品是《侏罗纪公园的史前恐龙》《加勒比海盗的章鱼脸》等。

新西兰维塔由彼得杰克逊创立，代表作有《指环王》系列、《阿凡达》（诸如此类特效大片基本由很多特效公司共同完成）、《金刚》等。《咕噜姆》和《金刚》基本代表了业内最高水准形神俱备的 CG 生物。还有一个影响非常大的成就，就是开发了群组动画工具MASSIVE，通过 MASSIVE 这个软件创造了《指环王》中千军万马史诗般的混战。这个软件国内研究了几年，限于成本和人员水平，鲜有成果出现。

Digital Domain 为变形金刚的导演迈克尔贝创立，是美国仅次于工业光魔的电影特效公司，他的主要代表作有：《泰坦尼克号》《2012》《后天》《加勒比海盗Ⅲ》等。

当前，数字特效已经被广泛地应用在电影制作的方方面面，很难简单地给它下一个定义。但可以认为，数字特效就是利用数字技术，特别是计算机图形图像技术来实现和生成电影特殊效果的技术和手法。

按照数字特效的产生方式与真实影像的关系可分为三大类：补充合成型、创造合成型和特殊处理型。这些类型的数字特效往往综合使用在同一个镜头中。

（1）补充合成型

它是指数字特效与传统拍摄方式相结合，用计算机技术完美地将多个真实影像合成在一起的数字特效形式。这种类型的数字特效一般是在一些传统特技不容易或不能完成的情况下，创作者利用抠像技术将一个真实影像与另一个影像合成为一个画面。此类数字特效的特点是以逼真为最终目的，让观众很难分辨镜头中的画面是真是假。

（2）创造合成型

它是指用计算机图形图像技术生成画面中人物或景物后，与真实拍摄的人景物合成在一起的数字特效形式。这种类型的数字特效往往用在制造生成当前人类社会不存在的物体或非人类生命，创作者使用计算机三维动画技术建模、利用动作跟踪软件赋予生成物体的动作和运动轨迹，然后与实景拍摄的镜头合成，成为一个镜头。

（3）特殊处理型

它是指用计算机图像软件对实拍镜头中的某些人景物和镜头运动进行特殊处理。这类数字特效的特点是让处理过的人景物和镜头运动显得突出,与上面两种达到逼真的特点不同,特殊处理型故意让观众注意创作者特殊处理的痕迹,来表达影片的情绪或思想。视点和运动轨迹,轻易地拨动着观众的每一根神经,让观众的想象力可以随意驰骋在无疆的草原上。

9.3.2　数字特效的制作流程

无论是《阿凡达》、《爱丽丝梦游仙境》还是《金刚》,里面都包含了许许多多的电影特效,他们都属于特效电影。那么特效电影是什么呢?特效电影指的是以特效表现为主的电影。虽然特效在电影制作中所占成分并不高,但对电影视觉表现的强烈需求是人们去影院观看电影的重要原因之一,所以在好莱坞,特效电影的生产占据很大的比重,高票房的电影中特效制作的成分通常都很大,所以特效制作已经成为电影制作的家常便饭。下面讲一下特效电影的简单制作流程。

特效电影包含两个种类,一是指以特效表现为主的电影,这种电影的特效制作必须详细规划,所需投入、所需时间、所需人力、所需技术在电影制作中的比例最大,传统拍摄技术退居次要地位。此类电影的代表有《阿凡达》、《爱丽丝梦游仙境》、《贝奥武夫》等。图 9-4 为电影《阿凡达》截图,制作模式以特效制作为主,革新了电影拍摄的方式。

图 9-4　电影《阿凡达》截图

另外一种是指特效表现占据很高分量,但是传统拍摄技术和方式也是电影制作的重心,此类电影的代表有《金刚》、《指环王》、《变形金刚》、《黄金罗盘》、《2012》等。图 9-5 为电影《金刚》截图,特技制作占据很大比重。

图 9-5　电影《金刚》截图

　　在实拍电影制作流程中,介绍了前期制作、制作、后期制作三个主要部分,在特效电影依然适用,只是具体技术有很大的不同,但剧本策划、预算制订、创作人员确定基本是一样的,即制片人的工作没有重大改变,在此介绍特效电影的技术流程。

　　前期制作中剧本策划、分镜制作与实拍电影相同,不再赘述,但需要制订画面中的哪些部分需要实拍及使用何种特殊效果手段,哪些部分留给后期计算机加工的计划。制作阶段中使用摄影机实拍的部分和实拍电影流程一致,也不再赘述,但需要控制拍摄方式为后期制作留下足够的空间。后期阶段是视觉效果制作的主要阶段,电影的整装合成在此阶段完成,同时剪辑、混音、调色等传统工艺也在此阶段完成。

　　(1) R&D(研发)

　　电影特效的重要特色之一就是不断推进视觉的真实感及表现能力,也就需要不断进行技术的研发。研发部门的构成以科学家、程序员、数学家为主,为现有的特效制作软件,比如 Maya、Nuke 等提供插件,或者是一些独立的软件。例如,在《返老还童》中为了制作出以假乱真的虚拟人物的面部表情,研发部门依据面部编码理论开发了新的面部表情动画控制插件,安装于 Maya 面板下,再如《阿凡达》因为大量采用表演捕捉的虚拟角色动画方式,在捕捉现场使用了新开发的虚拟摄影机能够观看到初步合成的效果,如图 9-6 所示。

图 9-6　《阿凡达》制作中的虚拟摄影机能够在现场看到预合成效果

　　(2) 技术试验

　　技术试验阶段是向投资方、制片人、导演等展示特效制作部门的整合制作能力,或者是某种新技术所能达到的效果,或者是效果的影像风格等。这个阶段要使得客户相信他们所需要的效果是可以完成的,通常由经验最丰富的艺术家或者技术人员来完成技术试验片。

　　(3) 概念设计

　　这个阶段导演会集合美术指导、摄影指导、特效指导等影片重要创作人员集体商定,具体实施由概念设计师完成,概念设计将以精美细致的彩绘图像来呈现影片的视觉风格,有时场景概念设计、角色概念设计、动物概念设计、植物概念设计、机甲概念设计、武器概念设计等都需要在该领域精通的人士。这个创作过程会经常反复,以尽量减少实拍及制作中的曲折。等概念设计完成后,也会衍生出精细的制作图用于计算机三维模型、实体模型的制作。图 9-7 是《爱丽丝梦游仙境》中所涉及的精细概念图。

图 9-7　《爱丽丝梦游仙境》概念图

（4）分镜故事版

分镜阶段和概念设计可以同时进行，也可以等概念设计完成后进行，此时的分镜故事版和实拍电影的功用相同，用于拍摄制作流程安排的初步指导。在制作视觉预演故事版（动态故事版）的时候，这个分镜故事版也可以精简，图 9-8 显示了分镜头的设计。

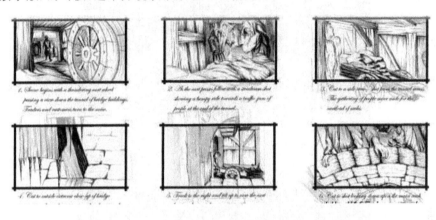

图 9-8　分镜头故事版

（5）模型制作

模型的制作在前期制作阶段开始，分为实体模型和数字模型，现在的大型特效电影需要低面数的模型用于视觉预演故事版的制作。概念设计后衍生的制作图或者美术部门提供的实物是进行三维制作的标准，有时某些雕刻艺术家也会脱离概念部门而直接进行实体模型的制作，用于虚拟角色、重要道具等的制作提示或扫描。实体模型由三维制作人员制作出数字版本来，如图 9-9 所示。

数字模型会制作出不同的面数级别，精细的高面数模型用于最终渲染，中级别模型用于动画，低面数模型用于视觉预演，如图 9-10 所示。

（6）视觉预演

视觉预演即动态故事版，系使用三维软件将整个剧本或者手绘分镜故事版用动画的形式呈现。导演可以更加直接地预见到摄影机的调度方式、布景情况等，更加有利于指导现场拍摄及后期制作。视觉预演由动画师以低面数模型制作，会调整不同的版本以供导演选择。现场拍摄会严格执行视觉预演确定的构图、运动等，但通常会有很大的出入，如图 9-11 所示。

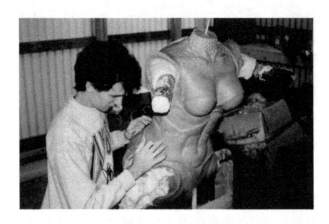

图 9-9　实体模型制作

图 9-10　低面数模型

图 9-11　视觉预演

（7）参考图片、资料

参考图片、资料来源于两个大的方面，一个是美术置景为实拍部分搭建的场景或者选择的实地场景及服装、道具、小模型等。另一个是拍摄现场在拍摄的同时获取的相关资料。

特效制作部门需要在开机时配合传统拍摄方式进行现场拍摄指导，由视觉效果指导率领的团队完成这个任务。视觉效果指导要为获得正确的能够进行后期加工的影像负责，除了提供建议，还需要撷取资料，如用于建模的参考图片、纹理绘制、打光的参考以及为数字绘景拍摄的资料等。这些视觉参考信息将对特效制作极为有利，原则是只多不少。

除了图片，还需要记录的是某些用于后期制作的关键数据，如场景的尺寸、镜头跟踪的辅助点信息、镜头的焦距、光圈等。

（8）三维模型扫描

除了图片资料的收集，还需要对关键场景、道具、演员等进行三维扫描，有时对演员的扫描会在现场拍摄完成后进行，但涉及演员档期的问题，通常在拍摄期间进行。三维扫描通常使用精密扫描设备（还有种基于图像的建模方式，不需使用三维扫描仪）进行高精度模型的扫描，这种模型不能直接使用，会由建模人员继续加工，制作出用于预演、动画、渲染的不同版本，如图 9-12 所示。

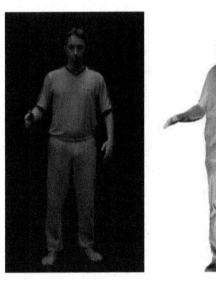

图 9-12　使用扫描设备得到的具有复杂表面的模型

（9）高动态范围环境贴图拍摄

在图片资料的获取时，有一种重要的能够用于渲染软件的"基于图像的照明"的环境贴图需要拍摄，即高动态范围环境贴图。使用鱼眼镜头或者金属反光球多角度拍摄，在修图软件中展开并拼接成全景图，需要进行包围曝光拍摄低动态范围合成高动态范围图像，如图 9-13 所示。

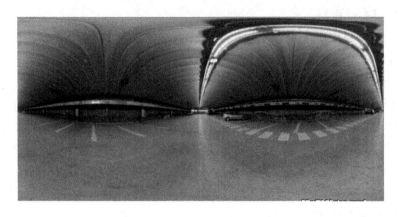

图 9-13　高动态范围图像 HDRI

（10）底片扫描

现场拍摄完成后，按照实拍电影的制作工艺进行冲洗、转磁、声音制作等环节，这些环节与特效制作同时开展，不再对前文所述的内容进行重复。当导演及剪辑师确定镜头后，底片扫描文件交由特效部门开始特效制作。大部分电影会扫描成 2K（2048×1556）分辨率的 LOG 图像格式以保留尽可能多的图像细节。

如果是使用数字摄影机拍摄，那么数据文件需要进行转码处理，转换成适宜特效加工的格式。

（11）画面初级校色

画面初级校色指将扫描好的底片文件或者转码好的数字底片文件进行初步校色，以使得镜头与镜头间的色调、曝光度等能够衔接。而影片的创作性质的调色将会在影片的特效制作完成后由摄影指导及调色师在调色车间进行。画面初级校色只不过是为特效制作服务的。

（12）画面修复

此项针对胶片拍摄的项目，因胶片的冲洗是化学工艺，难免会出现脏点、划痕、灰尘等痕迹，在进入特效制作系统前，需要专门的部门及工作人员对脏点进行画面的修复。有些电影项目还会进行降噪，以降低胶片或者数字摄影机拍摄的文件的颗粒度。

（13）装配

装配的过程需求技术极为复杂，要求装配师深刻理解运动的物理过程及运动各部分间的相互影响。如动物体的装配需要处理骨骼的层级关系，肌肉、皮肤的相互影响。骨骼装配完成后由动画师进行测试，必要时需要反复修改并添加新的控件来得到更好的效果，如图 9-14 所示。

（14）动作捕捉

在特效电影中，动作捕捉是相当重要的环节，在《阿凡达》之前，动作捕捉以形体动作捕捉为主，通常用于中远景的虚拟角色演员的动画制作，或者如恐龙、大猩猩等怪物生物的动画制作。如《泰坦尼克号》甲板上的人群，《蜘蛛侠》中在空中弹跳的蜘蛛侠，及《金刚》中栩栩如生的大金刚，后来《返老还童》尝试制作高度仿真的人物面部表情，达到假以乱真的地步。动作捕捉的技术开始朝着被詹姆斯·卡梅隆称作"表演捕捉"的方向前进，在《阿凡达》的拍摄中，为了制作出更加逼真的人物面部动画，使用专门的摄像机拍摄人物面部表演,记录图像用于动画的制作,如图 9-15 所示。

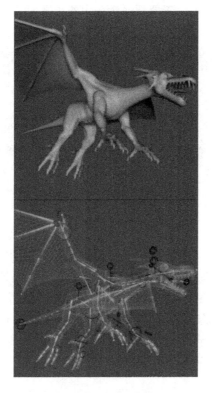

图 9-14　模型装配

图 9-15　《阿凡达》中的表演捕捉

(15) 运动跟踪匹配

镜头跟踪在底片扫描完成后即应开始,首先做的是镜头轨迹反求,使用诸如 BOUJOU、PFTRACK 等三维跟踪软件,在拍摄现场记录的镜头参数此时就派上了很大用场。通常软件的默认跟踪功能不能应付高难度的镜头运动,还需要跟踪人员的手工的参数调整或者使用新开发的针对项目的跟踪软件。

精确的镜头跟踪完成后,摄影机轨迹会被送入三维软件或二维合成软件。除了镜头轨迹的反求,还需要进行物体(角色、道具等)的运动轨迹跟踪,例如,如果要给汤姆·汉克斯的脑袋上安装一对三维制作的犄角,就需要对镜头中的汤姆·汉克斯的身体运动做跟踪,并把他的运动数据赋予三维犄角,这样才能使得二者的运动匹配在一起,如图 9-16 所示。

图 9-16　跟踪及匹配

（16）模型动画

动画是将装配好的虚拟元素按照叙事的需求进行动态表情、形体运动、物理运动等的制作。虚拟元素代指角色、生物体、机械装置等。动画师使用中级精度的模型进行,这种模型既能让动画师做到足够的精确,又能防止过多的面数细节带来的工作速度减慢。动画调整完成后,通常不需要带有光影材质的渲染,直接用灰色的模型动画向导演、特效指导等人展示即可,动画的调整过程也会修改多次。

（17）效果动画

效果动画是指使用模拟方式生成的动画,包含三个大类:粒子、刚体柔体动力学和流体。进行各项模拟除了需要反求出的虚拟摄影机外,还需要包含动画的虚拟元素所处的三维场景,这些都是进行模拟的基础。例如,要制作某个人着火的镜头,就需要先制作一个人物角色的粗略模型,并调整出模型动画,这样进行效果模拟的人员就可以利用模型作为发射火焰的发射体,而且这个低面数模型同时也为渲染出的火焰动画提供了遮罩,为后面更为精细的合成提供良好的基础,如图 9-17 所示。

图 9-17　模拟动画

（18）纹理贴图

模型需要纹理贴图才能呈现出真实感，纹理贴图的范围不只是包含色彩细节，还有置换贴图、法线贴图等用于增强模型形体细节的贴图。贴图需要经过动画师的测试，以修正扭曲、拉伸等问题。

此时收集的图片资料就派上了用场，材质师会利用这些图片按照模型拓扑结构绘制固有色、高光贴图、反射贴图、凹凸贴图等，贴图的分辨率要足够大，有时甚至达到 8K 像素以上才能在摄影机靠近模型的时候不出现问题，如图 9-18 所示。

图 9-18　纹理贴图

（19）材质受光研究

这一阶段将综合材质、贴图、光照来研究模型渲染后呈现出来的观感，如高光属性、反射属性、粗糙度、透射度、发光度等表面细节，如图 9-19 所示。模型赋予材质后经过渲染要和实际的物体极为接近，达到"照片级"渲染水平。如果自然界不存在该模型，如怪物，那么材质人员就需要和导演、视觉效果指导来决定该物体应该呈现的观感，材质部门通常需要与研发部门密切配合研究某种新型材质或改进现有材质。

图 9-19　材质研究

（20）打光及渲染

在动画及材质调整好后,灯光师开始为虚拟场景进行灯光设置及渲染。高动态范围贴图会在这一阶段使用但通常需要添加额外的数字灯光以达到更高的真实度。灯光师会为一个场景或一个模型的渲染进行分通道渲染,并会在底片数据文件上做初步的合成测试,等到效果达标后,分层渲染的文件会提交合成部门进行合成,图 9-20 所示。

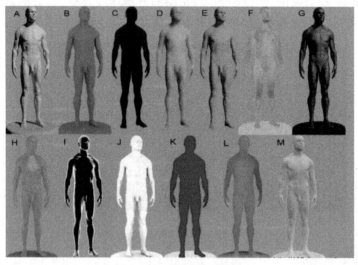

图 9-20　灯光及分层渲染

（21）遮罩分层

实拍画面需要仔细的分层,使的虚拟合成元素能够不露痕迹地添加到实拍画面中去。如需要一段真人演员和机器人的打斗,在实拍时只有真人演员在布景中进行表演,对于这种素材就需要遮罩分层(Rotoscoping)处理,遮罩制作人员会逐帧按照真人演员的轮廓绘制遮罩,这样真人演员就和背景分离了,然后就可以将三维软件制作的机器人添加进入了。

有些镜头在蓝绿幕前拍摄,这种方式得到遮罩更加容易,所以在特效电影中蓝绿幕的应用非常广泛,但很多情况下没有办法使用蓝绿幕,那么只好在后期逐帧绘制遮罩,如图 9-21 所示。

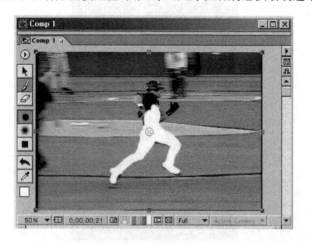

图 9-21　遮罩绘制

（22）元素实拍

全部使用 CG 软件进行自然物质的模拟未必是个好主意,如烟、水花、灰尘等,在黑背景、蓝绿幕前进行实际拍摄或许更好。除了这些,有些使用小模型制作的道具、局部布景也可以使用实拍来获得。

这些元素由特效制作部门下的特效摄影部门进行实拍获取,在经过若干项目后,会组建起来一个素材库,这样制作人员就可以轻松获得这些元素而不必为如何用程序来模拟它们而费脑筋了,如图 9-22 所示。

图 9-22　元素实拍

（23）合成

合成是特效镜头制作的最后一道工序,所有其他部门的工作成果将在此时整合。合成师将利用合成软件的各项功能以使各个 CG 元素真实自然地合成在一起,不能显露合成的痕迹。合成师要充分了解镜头和画面的构成原理。

数字绘景师的工作也隶属这个阶段,他将利用其他部门提供的 CG 元素结合拍摄现场获得的图片资料进行背景的绘制。

合成工作完成后,镜头将送交特效指导或导演进行商讨及交流,这个过程可能会反复很多次,图 9-23 为电影《金刚》中的合成部分截图。

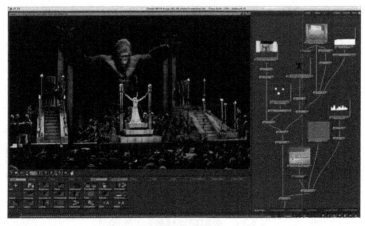

图 9-23　合成

（24）输出

最终的输出要使用和底片扫描文件(或数据转码文件)相样的格式,特效镜头要和实拍无特效镜头整装后提交给数字中间片校色部门进行统一校色,后续工艺和实拍电影相同。

9.3.3　数字特效的功能与技法

数字特效在电影制作过程中的功能主要有三个:计算机生成影像、数字影像处理和数字影像合成和。

1. 计算机生成影像

计算机生成影像就是"无中生有",也称为计算机图形技术或电脑成像技术。它利用计算机图形与动画技术直接生成所需要的影像,在整个过程中不再需要摄影机的参与。数字影像生成既可以生成如手绘一般的动画片,也可以创造出逼真自然的如同摄影机拍摄的影像。数字影像生成技术正给影视创作带来一场革命,大大提升了影视创作的空间和力度。

2. 数字影像处理

数字影像处理是利用软件对摄像机实拍的画面或软件生成的画面进行加工处理,从而产生影片需要的新的图像。国产影片《紧急迫降》中有这么一个镜头:洒满泡沫的飞机跑道上,正在迫降的飞机呼啸而来,而前方翻到的吉普车却挡在跑道上,庞大的机翼与推车的抢险人员擦肩而过,险象环生。事实上,在原先拍摄的镜头中,这架呼啸的飞机并不存在,而是在后期由三维动画"补"上的。

3. 数字影像合成技术

数字影像合成技术是在计算机软硬件环境中,运用计算机图形图像学的原理和方法,将多种源素材(包括实拍的画面和计算机创造的画面)混合成新的图像的处理过程。电影《阿甘正传》中有一开辟电影史上用影像改写历史之先河的镜头——名不见经传的阿甘与三位已故的美国总统擦肩相会,握手交谈。这一天方夜谭的画面就是利用数字影像合成技术生成的。随着数字技术的不断发展,高科技交互式摄影控制系统(Motion Control)摄影技术和全息静动摄影技术也应用于电影制作中来,这一能够展现四维时空的数字电影特效更是倍受青睐。

数字特效从影视制作中的应用过程和技法上可以分为两大部分,即前期拍摄中的数字特效和后期制作的数字特效,如图 9-24 所示。

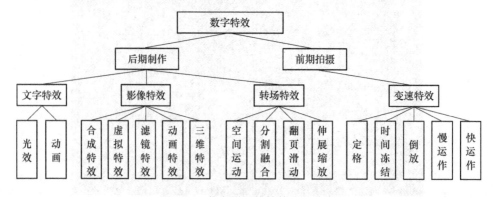

图 9-24　数字影视特效技法的分类

前期拍摄中主要为变速特效,其主要是运用拍摄速度和播放速度的不同来实现的,同时也包括了利用计算机控制等技术来实现的一系列特殊拍摄技术,如时间冻结特效等。变速特效主要有快动作、慢动作、时间冻结、倒放与定格等。

后期制作中的数字特效主要是由文字、影像以及画面之间的转场过渡所构成的,所以可以将后期制作中的数字特效分为文字特效、影像特效和转场特效。文字特效是在文字上所加的特效效果,如光效、动画等。转场特效是影片连接技法的集合,其中主要包括三维空间运动、融合、分割、翻页、滑动、伸展、擦除、缩放等转场效果。影像特效是一种综合特技,包括了画面上除了文字之外所表现出来的各种特技效果,主要包括滤镜特效、动画特效、三维特效、虚拟特效、合成特效等。动画特效又可分为音画同步、动态变形、程序运动、运动跟踪等。滤镜特效是为影视画面增加各种不同的特效,主要包括颜色效果、模糊效果、通道效果、透视效果、扭曲效果、抠像效果、水面效果、风格化效果、粒子和燃烧效果。动画特效是运用动画技术方法在画面中加入动画的元素,增加动感效果,主要有音画同步、动态变形、程序运动和运动跟踪。三维特效是在画面中表现出三维立体空间的效果,包括光线与投影、三维场景等。虚拟特效是运用虚拟现实来实现的效果。合成特效是将实拍画面、数字生成的虚拟角色、虚拟场景等各种素材进行合成,主要有角色合成、场景合成等。

声音在电影、电视中也是非常重要的,在后期制作中,对声音也会使用大量的音频特效。例如,可以将声音进行倒放;可以调整音频的各个频率;可以精确控制整个声音的延迟和调制,模拟各种回声效果;可以给原声音添加颤音效果,还可以利用音频创作软件制作、合成各种现实中难以记录的声音。

9.3.4　特效摄影技术

特效摄影与普通摄影的区别在以下几方面。

- 拍摄时虽利用普通的摄影机,但其工作状态是非正常的,如倒拍、停机再拍、快慢速摄影等;
- 以假代真,以模型、绘画或照片代替实景;
- 合成摄影;
- 摄影过程中使用特殊设备,如活动遮片合成、技巧印片及电子合成等,根据镜头内容的需要把在不同时间、不同地点拍摄的对象有机地合成在一个画面中。

随着计算机、自动控制及机器人等技术越来越多地应用于影视的拍摄与特效制作中,特效摄影越来越多地打上了数字化的印记,为电影特效的制作提供了更有效、更便捷的手段。以下简单介绍一下最新的、技术含量较高的运动控制和时间冻结等特效摄影技术。

1. 运动控制

运动控制(Motion Control)是技术运用于影视拍摄中的完美体现的代表,它融合了自动控制技术、机器人技术和计算机处理技术。运动控制摄影机(Motion Control Camera)是利用计算机系统控制摄影机的运动轨迹和拍摄参数,可在已定的模式框架内实现准确拍摄,如图9-25所示。通过计算机设置或者记录下的拍摄运动轨迹和拍摄参数,不仅可以反复地拍摄相同轨迹和角度的场面,同时可以重复复杂的镜头运用及动作,创造特别的特效视觉效果。这种拍摄技术可以与计算机图形技术结合,创造出极具震撼力的画面。

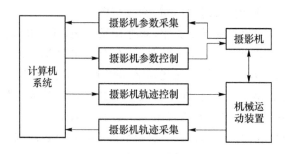

图 9-25　运动控制系统示意图

2. 时间冻结

时间冻结(Frozen Time)是采用照相机阵列,以被摄体为中心,将照相机按一定的间隔排成一圈、一排或曲线排列,通过计算机控制快门,在同一瞬间(或等时间隔或不等时间隔)进行摄影,如图 9-26 所示。然后把得到的不同角度的系列静止画面编辑在一起,组成相连接的影像,创造出各种不同的特技效果。这些影像也可与现场的摄影机拍摄的影像进行特技合成。例如,在影片《黑客帝国》中就采用时间冻结,也称为"子弹时间"(Bullet Time)的特殊摄影方法。拍摄时,摄影机以正常速度拍摄,用 120 架照相机组成阵列,由计算机控制快门,连续拍下一连串瞬间动作,然后借助计算机把所有画面连接在一起,结果动作显得连贯又清晰,快捷又真实,给观众以极大的视觉冲击。

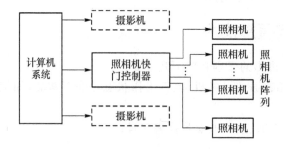

图 9-26　时间冻结系统示意图

上述这些技术有一个共同点就是在影视制作中都充分利用了现代高科技,特别是计算机处理技术、传感技术、自动控制技术和电子信息技术等,为电影艺术提供了更加丰富、更具想象力和视觉冲击力的创作手段。

思考与练习

1. 试分析电视、电影、电子游戏、互联网的相互关系,以及各种娱乐形式逐渐走向融合的技术基础。

2. 什么是数字电影?简述数字电影与传统胶片电影的区别,及其在技术、发行和放映上所具备的优势。

3. 试分析数字电影放映技术的主要技术指标,以及现有的数字电影放映技术的基本原理,并就它们的性能进行比较。

4. 简述数字电影加密系统的构成及其工作流程,指出其中主要采用的信息安全技术。

5. 什么是非线性编辑?简述非线性编辑所涉及的主要关键技术。列举你所了解的非线性编辑软件。

6. 简述虚拟演播室系统的构成及其基本工作原理,指出其中的关键技术。试分析和比较虚拟演播室技术中的同步跟踪系统的实现方式。

7. 简述数字影视特效的制作流程,并指出其中所采用的关键技术。

第 10 章
数字游戏

"数字游戏"(Digital Game)是以数字技术为手段设计开发,并以数字化设备为平台实施的各种游戏。目前,"数字游戏"作为一个专有名词,正在被广泛认可。它可以涵盖电脑游戏、网络游戏、电视游戏、街机游戏、手机游戏等各种基于数字平台的游戏,从本质层面概括出了该类游戏的共性。这些游戏虽然彼此面目迥异,但是却有着类似的原理——即在基本层面均采用以信息运算为基础的数字化技术。

10.1 数字游戏概述

10.1.1 数字游戏的特征与类型

数字游戏的特征很多,主要包括:数据化、智能化、拟真化、黑箱化、网络化、窄带性。下面分别对这些特征进行介绍。

数据化:是数字技术的基本属性和特征。数字游戏的数据化意味着游戏内容的丰富化、结构化、多媒体化。数字游戏具有良好的数据处理性能,可以大量容纳文本、图像、视频、声音、动画、3D内容以及其他形式的数据。同时数字游戏继承了典型的数据结构,不仅具备一般的软件特征,而且具有百科全书式的丰富内容。《帝国时代Ⅱ:征服者》这款以世界古代历史为背景的游戏,就大量包含了古代各个民族的历史资料——从十字军东征到印刷术和火药的发明,从骑士精神的信条到哥特教堂的风格,从伊比利亚半岛的地形到美索不达米亚的风土人情。在游戏进程中,不同的历史阶段对应着不同的知识和科技,折射出中国、蒙古、法兰西、玛雅等18个民族的千年兴衰,俨然是一部动态的世界历史缩影。

智能化:是源于人工智能技术(Artificial Intelligence,AI)的应用。设计师将随机应变的智能融入游戏机制,发展出各种新的游戏元素,如富有智慧的配角,复杂多变的关卡,自我学习的机制和普通人难以战胜的敌手,使游戏平添了无数趣味和灵动。智能化使游戏的学习更为简单,人工智能可以自动充当规则的裁判,也可不断提示游戏的玩法。1997年,当计算机深蓝以3.5:2.5的比分战胜世界国际象棋冠军卡斯帕罗夫时,世界为之哗然,认为这是游戏人工智能(Artificial Intelligence,AI)历史的里程碑。

拟真化:游戏的拟真化建立在交互的即时性和场景的具象性两大基石上。即时交互是使游戏者在直觉层面产生真实错觉的感觉。具象场景在视觉感知层面营造幻觉。数字游戏能模拟出逼真的 3D 场景和光影效果：大至宇宙乾坤，河汉星斗，小到纤发毛孔。

黑箱性：数字游戏在上市之前被封装成各个模块，普通玩家无法知道游戏内核的规则，保障游戏知识产权。但是黑箱性也有其缺点，它使得游戏开发的艺术部门和文案部门难以深入游戏的核心，在与程序部门的衔接和沟通中出现障碍，称为"黑箱综合征"。

网络化：从最早的双人游戏到局域网的多人联机，再到因特网的大型在线社区，数字游戏的网络化经历了一个从无到有，从简到繁的发展过程。网络技术使得数字游戏比传统游戏更加快捷、国际化。

窄带性：窄带性指数字游戏的交互具有局限性，它不同于现实世界中的活动，在体验广度和维度上均受到一定的限制。数字游戏中玩家的道具往往只是鼠标、手柄之类的设备，操作无非点击、摁扭等简单动作。游戏者只能凭借画面和声音等有限的反馈来维持沉浸状态，单一的交互模式也使得游戏者长时间地保持相同的姿势，不利于身心的健康。

数字游戏有多种分类方法，按照游戏平台划分，可分为电脑游戏、网络游戏、电视游戏、街机游戏、手持游戏。在数字游戏中，更多的则是按游戏内容与特征来进行分类，可以分为动作类游戏(ACT)、冒险游戏(AVG)、格斗游戏(FTG)、策略游戏(RTS)、养成游戏(EST)、角色扮演游戏(RPG)、体育游戏(SPG)、模拟游戏(SLG 或 SIM)、赛车游戏(RAC)、益智游戏等。随着技术的进步，模拟现实的能力越来越强，游戏的类型也越来越丰富。

1. 动作类游戏

动作类游戏的共同特点是要挑战玩家的反应力，早期的大型电子游戏大都为动作游戏，以速度及声音效果吸引玩家的兴趣。动作游戏中有几项要素包含：技巧、协调性、时间差控制等，部分游戏中也包含解谜与探索等项目。为追求速度与玩家技巧，在游戏设计上不需要复杂的规则，使用者界面简单，游戏机制较易分析，主要特点为容易学习，但难以驾驭。

2. 冒险游戏

冒险游戏是让玩家置身于充满待解谜题和问题的可探索区域里，操控环境与物品的选择是游戏的重要元素。设计时需要互动故事，重点包含内容、角色、目标、背景、谜题、对话等。3D 效果将动作与冒险结合，可增加游戏的节奏感。人工智能技术能进一步提升角色的言语与动作能力。

3. 格斗游戏

格斗游戏很好分辨，画面通常是玩家两边面对面站立并相互作战，使对方的血格减少来获取胜利。这类游戏通常会被强烈要求有精巧的人物与招式设定，以达到公平竞争的原则。另外，有些同类型的游戏注重拳脚的比试，如 SNK 的格斗之王；而有些就使用兵器，如 Namco 的灵魂能力(Soul Calibur, Arcade)。此外格斗游戏尚有 2D 的平面绘图、2D 视角的 3D 绘图(街头霸王 EX, Arcade)以及全 3D(VR 战士、VR 战士)系列的格斗游戏，不过几乎所有的格斗游戏的游戏方式都相同，除了一点小差异，那就是由于 3D 视角会转换，不能再使用往后的按键作为防守，所以大多设有专用的防守键。

4. 策略游戏

策略游戏设计规则包含设定关卡、设定检查点、分数、能量、时间限制、胜利条件等，近年来图形的复杂度逐渐增加,音效不断进步,游戏内容的变化程度也大为增加。策略游戏主题大致包含冲突与征服、探索、商业贸易等活动。策略游戏逐渐朝着模仿人类行为方向发展,如模仿领导者的勇气、思考能力、判断力及想象力等。

5. 养成游戏

养成游戏属于模拟游戏的分支。"养成"是模拟养成游戏的核心元素。玩家需要在游戏中培育特定的对象(人或动物),并使其获得成功。玩家可在其中获得成就感。大多数为由玩家扮演父母等角色来抚养孩子的模式。

6. 角色扮演游戏

角色扮演游戏以良好的故事内容为核心,设计时重视人物发展轨迹和玩家在游戏中的参与程度,也要构建一个具有深度和可信度高的虚拟世界等。最常用的表现手法是让玩家体验扮演危机救难者角色。

7. 体育游戏

体育游戏是模拟真实体育运动,把体育运动物理特性的模仿与游戏的娱乐性相结合,特别是真实性与游戏性的结合需要取得平衡。随着虚拟现实技术和人工智能技术的发展,运动游戏会更有现场感和竞技性。

8. 模拟游戏

在模拟游戏中,一类是载具模拟游戏,它让玩家体验驾驶各类车辆、飞机、船舰、太空船等不同载具的乐趣,主要属于技术导向类游戏,设计时对于载具本身必须要有深入的了解,创造速度感为关键项目,如何在技术与娱乐间取得平衡也十分重要。另一类是建设与管理模拟游戏,它让玩家从建造与管理中得到乐趣,从观察思考与计划创造自己想要的东西以获得成就感。设计时需注意游戏终止规则、管理过程、资源来源与分配、消耗方式、分析工具与模拟等项目。

9. 赛车游戏

赛车游戏(RAC)以体验驾驶乐趣为游戏诉求,给玩家在现实生活中不易达到的各种"汽车"竞速体验,玩家在游戏中的唯一目的就是"最快"。2D RAC 系统是系统给定的路线(多为现实中存在的著名赛道)内,根据玩家的速度值控制背景画面的卷动速度,让玩家在躲避各种障碍的过程中,在限定的时间内,赶到终点。

10. 益智游戏

益智游戏是指那些通过一定的逻辑或是数学、物理、化学,甚至是自己设定的原理来完成一定任务的小游戏。一般会比较有意思,需要适当的思考,适合年轻人玩。它通常以游戏的形式锻炼了游戏者的脑、眼、手等,使人们获得身心健康,增强自身的逻辑分析能力和思维敏捷性。值得一提的是,优秀的益智游戏娱乐性也十分强,既好玩又耐玩。

10.1.2 数字游戏的技术构成

数字游戏技术是整合型技术,几乎涵盖了数字媒体技术与数字媒体内容设计的方方面面,主要包括硬件技术、软件与程序设计技术、服务器与网络技术、认证与安全技术、内容节目制作技术等。

数字游戏的技术构成可以分为五个层次,分别为硬件层、系统层、引擎层、开发设计层和游戏层,如图 10-1 所示。

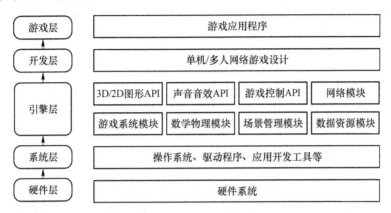

图 10-1　数字游戏的技术构成

　　硬件层是游戏运行的硬件系统,不同数字游戏平台的硬件系统功能与性能虽有差异,但一般都是由 CPU 单元、图形处理与显示单元、声音处理与播放单元、存储单元、输入输出单元以及各类接口等组成。系统层是硬件系统运行所需要的操作系统、驱动程序和相关的应用开发软件。引擎层是数字游戏技术的核心部分,也是数字游戏技术研究与开发的关键所在。引擎是为游戏开发与设计提供一个通用的可移植的平台,主要包括各类应用程序接口(如图形 API、声音与音效 API、游戏控制 API)、游戏系统模块、数学物理模块、场景管理模块和数据资源模块等开发,对于联网数字游戏还需要网络模块。开发设计层是在游戏引擎的基础上进行游戏内容的开发与设计,可以是单机游戏也可以是联网的多人游戏,以及大型网络游戏的设计。游戏层生成最终面对玩家的游戏应用程序,即数字游戏软件。

　　数字游戏产品面对的是游戏玩家,其只需要游戏运行所必需的相应硬件系统,以及操作系统、驱动程序和游戏应用程序等软件。

　　数字游戏技术主要有以下几个方面。

　　(1)硬件技术

　　数字游戏的硬件技术主要包括主处理芯片、图形处理器、内存配置、存储、数据通信技术、主机板、输入输出和各类接口技术等。

　　(2)软件技术

　　在游戏软件设计技术上包含引擎设计、绘图工具软件、3D 制作软件、虚拟现实、语音识别、人工智能、人机界面、仿真技术等。

　　(3)服务器与网络通信技术

　　包含联机机制、收费机制、安全与防火墙技术、服务器承载技术、数据库存储技术、消息传递技术、游戏软件环境管理技术等。

　　(4)节目制作技术

　　在节目制作上包含前后制作、导演、编剧、美术指导、音乐、造型设计等技术。

　　(5)其他技术

　　其他包含宽带、标准、IP 等技术,虽然这些技术与数字游戏并没有直接关联性,但技术进步与发展的速度却与数字游戏的发展和提升息息相关,将为数字游戏提供更易于创作、信息资源安全、高传输效率、快速储存及更良好人机界面等,进一步拓展数字游戏发展的空间与领域。

10.2　视频游戏与移动游戏

10.2.1　视频游戏硬件平台

视频游戏(Video Game),顾名思义,相对于使用个人电脑的 PC 游戏和依赖互联网的网络游戏,这种游戏方式是以电视机等视频显示设备和专用输出设备为基础进行的。

由于自身设备的使用特点,视频游戏也被称为电视游戏(TV Game),在中国大陆地区最常见的另一个名字是主机游戏,这个说法来源于对这种游戏方式所使用的游戏设备"主机(Console)"一词的缩略。

视频游戏是全世界最受欢迎,覆盖范围最广,拥有最多用户的电子游戏方式,这得益于其悠久的发展历史和电视机的高度普及。据初步估算,截至 2007 年,全球游戏市场中75%的份额是视频游戏所产生的。

视频游戏技术发展迅猛,市场日渐壮大,从风行一时的电视游戏机、手掌机,到如今功能更强大、图形更完美的视频游戏机,如 PS 和 XBOX 等。这些基于计算机技术的视频游戏机具有与个人计算机相当的处理能力,而价格却是高档多媒体计算机的几分之一,占据着游戏市场巨大的份额。同时,视频游戏市场也发生着巨大的变化,数字媒体下载成为主流,宽带得到了广泛采用。

以下将对视频游戏硬件平台的发展历史进行介绍。

1. 第一代视频游戏硬件平台

通常情况下,我们将视频游戏的诞生时间定义为 20 世纪 70 年代,以 1972 年在美国发行的 Magnavox 公司游戏主机奥德赛(Magnavox Odyssey)为起点,这也是世界上第一台连接电视显示的视频游戏机,其发明者是美国人拉尔夫·H·贝尔,图 10-2 所示。奥德赛的发售标志着第一代视频游戏的出现,紧随其后出现并很快风靡美国的雅达利游戏《PONG》,让大众开始意识到游戏作为一个产业的意义和影响。

以现在的眼光来看这大概不能称之为游戏,但在 1972 年,PONG 是美国家喻户晓的电子游戏。

2. 第二代视频游戏硬件平台

在经历过 1977 年的大萧条后,游戏市场开始渐渐转型,1980 年雅达利的划时代游戏《太空侵略者(Space Invaders)》为整个产业带来了期盼已久的复苏,许多消费者都在那一年购买了雅达利的新主机,为的就是能在家里玩到这款射击游戏,图 10-3 所示。

《太空侵略者》是个经久不衰的传奇,其设计理念影响了此后 10 年间的几乎每一款电子游戏。

图 10-2　PONG 游戏

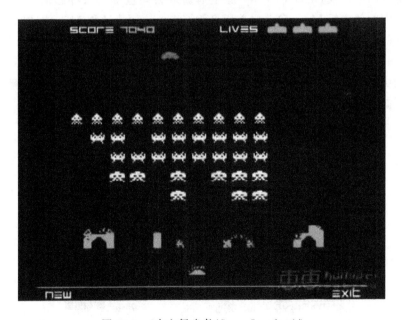

图 10-3　《太空侵略者(Space Invaders)》

3. 第三代视频游戏硬件平台

　　1983 年,视频游戏进入第三代,日本老牌游戏公司任天堂在这一年推出了他们自己的主机 Family Computer,简称 FC,也就是国内玩家熟悉的"红白机",如图 10-4 所示。FC(在美国叫作 NES)是游戏产业历史上影响最为深远的主机之一,开启了游戏机像电视等普通家电一样迈入千家万户的新时代。

图 10-4　任天堂的 FC 红白机

FC 是任天堂最成功的游戏机之一,也是任天堂游戏帝国传奇的开端。以 FC 为平台的经典游戏不计其数,包括《超级马里奥兄弟》(国内俗称超级玛丽)、《塞尔达传说》和《大金刚》这样的传世杰作,国内绝大部分 80 后玩家的游戏记忆也是伴随着 FC 那红白相间的机身开始的。

4. 第四代视频游戏硬件平台

视频游戏的第四代,是日本另外一家老牌游戏公司世嘉大放异彩的一代。1988 年,世嘉依靠他们的新主机 Mega Drive(美版名为 Genesis,国内通称 MD)成功回到了游戏产业第一阵营的行列,如图 10-5 所示。也正是由于 MD 在全球范围内的火爆人气和空前热销,才迫使任天堂不得不考虑推出他们的下一代游戏机,FC 的后续机种 SFC。此后世嘉与任天堂围绕着存储载体容量、硬件规格、软件阵容开始了长达近 10 年的较量,技术日新月异将视频游戏带入了新的纪元。

图 10-5　世嘉的 MD

尽管在 16 位主机时代最耀眼的明星是任天堂的 SFC,但世嘉的 MD 同样堪称名垂青史的一代名机,这个平台上诞生的优秀作品数不胜数,其中的许多时至今日依然被奉为经典。

5. 第五代和第六代视频游戏硬件平台

第五代和第六代视频游戏机是游戏产业历史上最为人所熟知的一个发展阶段,在这两代主机的发展过程中,诞生了众多脍炙人口的特色硬件,其中的许多时至今日依然令玩家们如数家珍,如世嘉的土星和 DC、任天堂的 N64 和 GC,但在这个群雄争霸的乱世中,真正称霸世界的当属索尼的 Play Station 系列主机。

发售于 1994 年的 Play Station,原本只是任天堂 SFC 的一台外接光驱设备(CD-ROM),历经波折坎坷才得以拥有自己的品牌。Play Station 为索尼带来了客观的商业利润和难以估量的用户口碑,初代 PS 也是视频游戏历史上第一台累计销量超过 1 亿台的主机,其继任者 PS2 后来居上,累计销量达到了 1.4 亿台,是迄今为止销量最高的家用视频游戏机,如图10-6 所示。

图 10-6　Play Station 3

索尼的 Play Station 系列是视频游戏历史上最畅销的游戏机,两代机体的累计销量都超过 1 亿台。

6. 第七代视频游戏硬件平台(现役视频游戏硬件平台)

第七代视频游戏大战以索尼与东芝的存储格式之争揭开序幕,最终索尼的蓝光(俗称BD)统一了业界,但索尼也因此付出了沉重的代价。随着用户对视觉体验要求的不断提升,技术的飞速进步,第七代主机在构架上越来越接近个人电脑,同时网络功能和与之相关的应用也开始被广泛认同和接受。

特别值得一提的是,在这一代主机大战中,任天堂、索尼和微软分别以各自不同的方式对游戏方式的延伸和市场拓展进行了探索和尝试,任天堂的 Wii 以独特的体感游戏赢得了数以千万计的用户,而微软的 Kinect 则将体感技术应用带向了全新的高度,开创了无需手柄乃至任何物理操作的新时代,图 10-7 所示。

图 10-7　第七代视频游戏主机以 Wii、PS3 和 X360 为代表

7. 第八代视频游戏硬件平台(次时代主机游戏)

2012 年 11 月,任天堂新主机 Wii U 在美国的正式发售,标志着第八代视频游戏的开始,Wii U 也是现阶段唯一已经上市的第八代主机。虽然索尼和微软尚未发布他们各自的次世代主机,但几乎可以肯定的是,这一代主机将从许多方面改变我们与游戏乃至与其他玩家的互动方式,你可能将不再需要购买光碟,甚至不再需要硬盘来存储游戏,你或许将可以随时随地开始或者中断游戏,无论你是否身在家中的电视机前,《少数派报告》这样的科幻电影中的场面或许将在你的客厅里再现。第八代视频游戏可能将是视频游戏的全新开始,我们很难预测她将会为我们展现一幅怎样多彩的画卷,但相信我,这一天绝对值得期待,如图 10-8 所示。

图 10-8　第八代视频游戏主机

视频游戏主机的第八代尚未真正来临,没有人知道它究竟会是个什么样子,但你可以尽情发挥想象。

10.2.2　手机游戏平台

目前市场上的手机游戏平台有很多,下面就主流的手机游戏平台作简要介绍。

1. Android 平台

Android 是一种基于 Linux 的自由及开放源代码的操作系统,主要使用于移动设备,如智能手机和平板电脑,由 Google 公司和开放手机联盟领导并开发。

Android 操作系统最初由 Andy Rubin 开发,主要支持手机。2005 年 8 月由 Google 收购注资。2007 年 11 月,Google 与 84 家硬件制造商、软件开发商及电信营运商组建开放手机联盟共同研发改良 Android 系统。随后 Google 以 Apache 开源许可证的授权方式,发布了 Android 的源代码。第一部 Android 智能手机发布于 2008 年 10 月。Android 逐渐扩展到平板电脑及其他领域上,如电视、数码相机、游戏机等。2011 年第一季度,Android 在全球的市场份额首次超过塞班系统,跃居全球第一。2013 年的第四季度,Android 平台手机的全球市场份额已经达到 78.1%。2013 年 09 月 24 日谷歌开发的操作系统 Android 在迎来了 5 岁生日,全世界采用这款系统的设备数量已经达到 10 亿台。

2014 年第一季度 Android 平台已占所有移动广告流量来源的 42.8%,首度超越 iOS。但运营收入不及 IOS。

2. IOS 平台

iPhone 是 Mac 出的封闭手机系统,相对稳定,不开放源代码,扩展相对不足,移植性很好。

iPhone 开发用的是 Objective-C(一种 C 语言的第三方拓展版),从众面小,不能定制 UI(界面),只能进行功能解锁。例如,iPhone 定位于高端手机市场,走的是个性化路线,主要优势是 App Store(移动网上商店),Mac 拥有全球最大最成熟的移动网上商店。iPhone 有系列产品,我们的开发基本都可以适用:iPhone 手机、iPad 平板、iTouch MP4、iPod MP3 等 Mac 移动产品上。

3. Symbian 平台

Symbian 系统是塞班公司为手机而设计的操作系统。2008 年 12 月 2 日,塞班公司被诺基亚收购。2011 年 12 月 21 日,诺基亚官方宣布放弃塞班(Symbian)品牌。由于缺乏新技术支持,塞班的市场份额日益萎缩。截至 2012 年 2 月,塞班系统的全球市场占有量仅为 3%,中国市场占有率则降至 2.4%。2012 年 5 月 27 日,诺基亚宣布,彻底放弃继续开发塞班系统,取消塞班 Carla 的开发,但是服务将一直持续到 2016 年。2013 年 1 月 24 日晚间,诺基亚宣布,今后将不再发布塞班系统的手机游戏,意味着塞班系统,在历时 14 年之后,迎来了谢幕。

10.3　游戏引擎技术

根据维基百科的定义,游戏引擎是指一个可以用于创作和开发视频游戏的软件系统。根据"百度百科"的描述,可以把游戏的引擎比作赛车的引擎。引擎是赛车的心脏,决定了赛车的速度、操纵感。游戏也是如此,剧情、关卡、美工、音乐、操作等都是由引擎直接控制的。游戏开发人员可以使用由游戏引擎提供的软件框架和所见即所得的游戏编辑系统来创作不同的游戏。

简单地说,引擎就是"用于控制所有游戏功能的主程序,从计算碰撞、物理系统和物体的相对位置,到接受玩家的输入,以及按照正确的音量输出声音等"。

引擎相当于游戏的框架,框架搭好后,关卡设计师、建模师、动画师只要往里填充内容就可以了。

10.3.1　游戏引擎的功能

游戏引擎提供了图像渲染功能、物理模拟功能、碰撞检测功能、音频控制、程序脚本编写、动画系统、人工智能系统、网络系统等游戏开发必要的功能。

1. 图像渲染功能

渲染是引擎最重要的功能之一,当三维模型制作完毕后,会把材质贴图按照不同的面赋予模型,这相当于为骨骼蒙上皮肤,最后再通过渲染引擎把模型、动画、光照、特效等所有效果实时计算出来,并展示在屏幕上。渲染引擎是所有部件当中最复杂的,直接关系到最终的输出画面质量。

2. 物理模拟功能

物理模拟可以使物体的运动遵循固定的规律,真实反映物体运动的自然规律与现象。碰撞检测是物理系统的核心部分,它可以探测游戏中各物体的物理边缘。当两个三维物体撞在一起的时候,这种技术可以防止它们相互穿过,这就保证了当角色撞在墙上的时候不会穿墙而过,也不会把墙撞倒,因为碰撞检测会根据角色和墙之间的特性确定两者的位置和相互的作用关系。

3. 碰撞检测功能

碰撞检测是物理系统的核心部分,它可以检测游戏中各物体的物理边缘。当两个 3D 物体撞在一起的时候,这种技术可以防止它们相互穿过,这就确保了当你撞在墙上的时候,不会穿墙而过,也不会把墙撞倒,因为碰撞检测会根据你和墙之间的特性确定两者的位置和相互的作用关系。

4. 音频控制

音频控制模块处理游戏世界的所有音效,包括背景音乐和各种事件声音的管理和播放,一些高性能的游戏引擎还能实现 3D 音效和环境环绕音等复杂的功能。

5. 动画系统

游戏采用的动画系统可以分为两种:一是骨骼动画系统,用内置的骨骼带动物体产生运动;二是模型动画系统,在模型的基础上直接进行变形。引擎把这两种动画系统预告植入游戏,方便动画师为角色设计丰富的动作造型。

6. 人工智能系统

人工智能模块为游戏中的非玩家控制角色的行为和决策提高智能支持,游戏中人工智能在现代游戏引擎中越来越重要,它直接影响到游戏的可玩性和游戏设计的复杂性。

7. 网络系统

如果游戏引擎支持联网特性的话,网络代码会被集成在引擎中,用于管理客户端和与服务器之间的通信。

10.3.2　游戏引擎的架构

游戏引擎是一个非常复杂的实时系统,其涉及的技术包括三维图形渲染、角色动画技术、物理模拟系统、人工智能、游戏脚本控制技术和网络通信技术等,其所涉及的每个研究领域的具体算法的性能都要求达到实时处理的高度。具体的游戏引擎结构如图 10-9 所示。

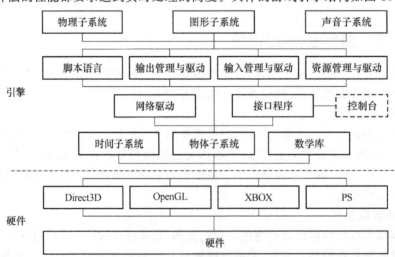

图 10-9　游戏引擎结构图

在游戏引擎中,系统是引擎中负责与机器本身通信的部分,一个优秀的引擎在进行平台移植时,只有系统部分是需要做主要修改(扩加代码)的地方。系统内部又分了几个子系统,其中包括图形、输入、声音、时间、配置。系统负责初始化、更新、关闭所有这些子系统。主要子系统的具体介绍如下所示。

1. 图形子系统

图形子系统的作用是将图像显示在屏幕上,一般使用 OpenGL、Direct3D、Glide 或者软件渲染实现。甚至可以抽象出一个图形层,并将它置于实现应用程序接口(API)之上,以支持大部分的图形 API,获取最好的兼容性、最佳的表现效果。

2. 物理子系统

物理子系统是为游戏提供基本的物理系统,即控制物体运动模式的一套规则,在游戏的相关技术中,首先考虑的是如何构建物体的实体模型及如何真实地把它们显示在屏幕上。一旦要将这些技术应用到真实世界的仿真时,还需考虑一些自然法则的仿真,其中最重要的就是物体碰撞的仿真,这包含碰撞检测与碰撞反应。

3. 声音子系统

声音子系统负责载入、播放各种声音与音效。当前很多游戏都支持 3D 声音,实现起来会稍许复杂一些。

4. 输入子系统

输入子系统需要把各种不同输入装置(键盘、鼠标、游戏板、游戏手柄)的输入触发做统一的控制接收处理。用户与玩家可以非常自由地切换输入装置,通过不同的输入装置来获取统一的行为将变得很容易。

5. 时间子系统

3D 游戏引擎中的绝大部分功能都需要基于时间来进行。因此在时间子系统里必须实现一些时间管理功能的程序代码。这个其实非常简单,但因为所有东西的移动都是按照时间来进行的,一套优良的设计将使你不必在以后反复重写多次雷同的代码。

6. 配置子系统

配置子系统实际位于所有子系统的顶端。它负责读取配置文件、命令行参数或者其他被用到的设置方式。在系统初始化以及运行期间,所有子系统都会向它查询相应配置。这样就可以很容易地改变分辨率、颜色位深、键盘设置、声音支持选项等,甚至是在游戏已经加载以后也可以改变系统设置。引擎的可配置化将为调试与测试带来更大的方便,并且使得玩家更易于把游戏设置成他们喜爱的方式。

7. 控制台

通过控制台命令行变量和函数,可以在不重新激活的情况下,改变游戏和引擎的设置。控制台也可以在开发时输出调试信息,这显然要比运行一个调试程序快得多。假如不希望最终用户看见或是使用该控制台,可以很容易屏蔽掉。

8. 支持子系统

支持子系统在引擎中会被引擎的其他部分大量使用。该系统包含了引擎中所有的数学程序代码(点、面、矩阵等)、内存管理、文件加载、数据容器。该子系统任务显得非常基础与底层,或许会将它复用到更多别的相关项目中去。

9. 渲染引擎

可以把渲染器再次细分为可见性、摄影机、静态几何图形、动态几何图形、粒子系统、公告板、网格、天空盒、光照、雾化、顶点光照、输出。其中每个部分应该各自有一个界面，通过这个界面来改变设置、位置、方向及其他任何与系统相关的部分。让所有的三角形以三角形列表、扇形、条带等方式最终通过相同的一点进入绘制管道是一个漂亮而方便的设计。这样，所有的东西成为一个统一的格式，而这个格式将被经过相同的光照、雾化及阴影程序代码处理。只要改变一下多边形的材质/纹理索引，在一个多边形上可以实现的任何效果，都可以在游戏中其他任何多边形上实现。

10. 游戏界面

游戏界面是在引擎和游戏之间放入一个接口层，可以使得程序代码更整洁并且易于使用。这虽是一些额外的代码，但它能使游戏引擎具有非常好的重用性，通过设计架构游戏逻辑的脚本语言也能使开发变得更方便，也可以将游戏代码置入库中。对引擎中每个具有动态属性的部分，这个接口层提供一个界面去修改它，其内容包括摄像机、模型属性、光照、粒子系统物理、播放声音、处理输入、改变关卡、碰撞检测和响应以及 2D 图形的放置以实现一些覆盖内容的显示、标题屏幕等。

游戏引擎的产生一方面大大加速了游戏的开发进程，缩短了游戏的制作周期；另一方面，游戏领域的核心技术研究也都集中到引擎技术的开发和研究上。游戏引擎的技术发展，主要体现在以下几个方面。

- 实时渲染技术，包括实时的光照技术。
- 角色和场景的精细程度，涉及各种贴图技术和模型的 LOD 技术。
- 角色的人工智能技术。
- 角色的实时动画，实时骨骼动画和表情动画。
- 物理特性和粒子特效，对碰撞、重力和爆炸等物理特性的模拟。
- 3D 的实时真实感音效技术。
- 实时网络通信技术，主要体现在大规模多人在线游戏服务器技术。

10.3.3 典型的游戏引擎

1. Wolfenstein 3D 引擎

Wolfenstein 3D 引擎是 1992 年由 3D Realms 和 Apogee 公司发布的一款只有 2M 多的小游戏《德军司令部》的引擎，这个引擎的发布在游戏发展史上具有从 2D 到 3D 的革命性意义。

2. Doom 引擎

Doom 引擎出自 id Software 公司，但它在技术上大大超越了之前的 Wolfenstein 3D 引擎，虽然它是个 2.5D 的引擎，但它使得楼梯、升降平台、塔楼和户外等各种场景成为可能，同时由于 Doom 引擎本质上依然是二维的，因此可以做到同时在屏幕上显示大量角色而不影响游戏的运行速度。为此 Doom 引擎成为第一个被用于授权的引擎。

3. Build 引擎

Build 引擎是 1994 年由 3D Realms 公司发布的引擎，是游戏引擎发展史上一个重要的里程碑,具备了今天第一人称射击游戏的所有标准内容,如跳跃、360°环视以及下蹲和游泳等特性。在 Build 引擎的基础上先后诞生过 14 款游戏。3D Realms 公司也由此成为引擎授权市场上的第一个盈利大户。但从总体来看,Build 引擎并没有为 3D 引擎的发展带来任何质的变化,它也是 2.5D 引擎。

4. Quake 引擎

Quake Ⅱ引擎是当时第一款完全支持多边形模型、动画和粒子特效的真正意义上的 3D 引擎,使 id Soltware 公司一举确定了自己在 3D 引擎市场上的霸主地位。它可以更充分地利用 3D 加速和 OpenGL 技术,在 3D 图像和网络方面的功能与之前的其他引擎相比有了质的飞跃。Quake Ⅲ引擎更是在出色的图像引擎的基础上加入了更多的网络成分,成为引擎发展史上的一个转折点,并使其在目前 3D 网络游戏市场中站稳了脚跟。

5. Unreal 引擎

这是 Epic Megagames 公司开发游戏《虚幻(Unreal)》的引擎,它可能是使用最广的一款引擎,在推出后的两年之内就有 18 款游戏与 Epic 公司签订了许可协议,而且 Unreal 引擎的应用范围也不仅仅限于游戏制作,还涵盖了教育、建筑等其他领域,这是一款和 Quake Ⅱ引擎一样不断更新,至今依然活跃在游戏市场上的引擎。Unreal Tournament 引擎不仅可以应用在动作射击游戏中,还可以为大型多人游戏、即时策略游戏和角色扮演游戏提供强有力的 3D 支持。迄今为止采用 Unreal Tournament 引擎制作的游戏已经有大约 20 款。

6. Half-Life 引擎

Valve 公司开发的 Half-Life 引擎在 Quake 和 Quake Ⅱ引擎混合体的基础上加入了两个很重要的特性:一是脚本序列技术,这一技术可以令游戏以合乎情理的节奏通过触动事件的方式让玩家真实地体验到情节的发展,这对于诞生以来就很少注重情节的第一人称射击游戏来说无疑是一次伟大的革命;二是对人工智能引擎的改进,敌人的行动与以往相比明显有了更多的"狡诈",不再是单纯地扑向枪口。

7. Dark 引擎

Dark 引擎是 Looking Glass 工作室在开发游戏《神偷:暗黑计划》的基础上完成的,这个引擎在人工智能方面取得了真正的突破,游戏中的敌人懂得根据声音辨认方位,能够分辨出不同地面上的脚步声,在不同的光照环境下有不同的视力,发现同伴的尸体后会进入警戒状态,还会针对玩家的行动做出各种合理的反应。

8. LithTech 引擎

LithTech 引擎是 Monolith 公司开发的一款同 Quake Ⅲ和 Unreal Tournament 平起平坐的引擎,加入了骨骼动画和高级地形系统。如今 Lith Tech 引擎的 3.0 版本已经发布,并且衍生出了 Jupiter、Talon、Cobalt 和 Discovery 四大系统。LithTech 引擎除了本身的强大性能外,最大的卖点在于详尽的服务,除了 LithTech 引擎的源代码和编辑器外,购买者还可以获得免费的升级、迅捷的技术支持和培训,且价格仅为 Quake Ⅲ引擎的 1/3。

9. MAX-FX 引擎

这是第一款支持辐射光照渲染技术的引擎,为物体营造出十分逼真的光照效果,它的另一个特点是所谓的"子弹时间"(Bullct Time),这是一种《黑客帝国》风格的慢动镜头,在这种状态下甚至连子弹的飞行轨迹都可以看得一清二楚。MAX-FX 引擎的问世把游戏的视觉效果推向了一个新的高峰。

10. Geo-Mod 引擎

Geo-Mod 引擎是第一款可任意改变几何体形状的 3D 引擎,也就是说,玩家可以使用武器在墙壁、建筑物或任何坚固的物体上炸开一个缺口,穿墙而过,或者在平地上炸出一个弹坑躲进去。它的另一个特点是高超的人工智能,敌人不仅仅是在看见同伴的尸体或听见爆炸声后才会做出反应,当他们发现玩家留在周围物体上的痕迹如弹孔时也会警觉起来,他们懂得远离那些可能对自己造成伤害而自己又无法做出还击的场合,受伤的时候他们会没命地逃跑,而不会冒着生命危险继续作战。

11. Serious 引擎

这款引擎最大的特点在于异常强大的渲染能力,面对大批涌来的敌人和一望无际的开阔场景,丝毫不会感觉到画面的停滞,而且游戏的画面效果也相当出色。

近年来,3D 游戏引擎朝着两个不同的方向分化:一是通过融入更多的叙事成分和角色扮演成分以及加强游戏的人工智能来提高游戏的可玩性;二是朝着纯粹的网络模式发展。

12. Unity 引擎

目前 Unity 引擎被国内多家公司用来开发游戏,并被多所高校作为用来进行游戏课程的学习。它是由 Unity Technologies 开发的一个让玩家轻松创建诸如三维视频游戏、建筑可视化、实时三维动画等类型互动内容的多平台综合型游戏开发工具,是一个全面整合的专业游戏引擎。Unity 类似于 Director,Blender game engine,Virtools 或 Torque Game Builder 等利用交互的图形化开发环境为首要方式的软件,其编辑器运行在 Windows 和 Mac OS X 下,可发布游戏至 Windows、Mac、Wii、iPhone、Windows phone 8 和 Android 平台。也可以利用 Unity web player 插件发布网页游戏,支持 Mac 和 Windows 的网页浏览。它的网页播放器也被 Mac widgets 所支持。

10.4 游戏相关的网络技术

随着互联网技术的发展,网络技术在数字游戏的发展过程中发挥了重要作用。凭借互联网信息双向交流、速度快、不受空间限制等优势,让真人参与游戏,提高了游戏的互动性、仿真性和竞技性,网络游戏已成为各种玩家的首选。数字游戏相关的网络技术主要包括网络通信技术、游戏服务器技术等。

10.4.1 网络通信技术

1. 网络通信模式

在当今的数字游戏中,网络通信模块是联机游戏的基础,它把运行在网络上不同计算机中的游戏系统连接起来,使所有的游戏参与者共享一个游戏系统。游戏的网络通信模块采用的通信模式主要有:点到点(P2P)和客户机/服务器结构(C/S)两种。P2P 模式只能处理两台计算机间的相互通信,两台计算机的输入彼此简单地互相共享就可以实现,没有游戏状态一致性的考虑,运行时只是每帧都更新来自两台计算机上的输入信息。C/S模式中一台计算机作为服务器运行游戏,其他的计算机都只作为游戏终端负责玩家的信息输入和按服务器要求显示或播放游戏内容,所有客户端共享一个游戏,游戏信息的处理都由服务器完成,比较容易实现游戏状态的同步,但是服务器需要额外的 CPU 时间来处理与其相连的所有客户端的连接和通信。

在游戏中对网络通信模块的性能要求很高,主要性能参数有:网络延时、传输可靠性、带宽和安全性等。网络延时和传输的可靠性与所采用的网络通信协议关系比较大,安全性则与数据通信的加密算法有关。

2. 网络通信协议

目前,通用的网络通信协议有 UDP 和 TCP/IP 协议两种。TCP/IP 是可靠的通信协议,在角色扮演游戏等对网络延时要求不是特别高的在线游戏中应用比较多。UDP 协议是基于数据包的通信协议,没有发送成功的验证机制,网络延时小,数据传输更快,通常都被采用作为在线动作类游戏网络模块的通信协议。

10.4.2　游戏服务器技术

目前,随着网络游戏玩家的日益增多,网络游戏服务器端承受着严峻的性能考验和负载压力。为了提供良好的服务品质,网络服务器端的设计显得尤其重要。

1. 游戏服务器的构成

网络游戏服务器一般由账号管理服务器和游戏主服务器两大部分组成。在游戏服务器程序设计中,基于网络安全和服务器性能的考虑,通常把服务器程序设计成网关服务器程序和主服务器程序两部分,所以通常在账号管理服务器前又增设账号网关服务器,用以隔离账号管理服务器同互联网络的直接接触,避免账号管理服务器暴露在外网上易受攻击的危险,同时账号网关服务器可以分担一部分账号管理服务器的部分管理功能,如响应玩家客户端的连接请求、接收客户端消息和给客户端分发消息,以及恶意消息数据的过滤等。出于同样的考虑,在游戏主服务器前面一般也增设游戏网关服务器。

游戏服务器程序设计所涉及的功能模块包括如下三大部分:网络通信模块、游戏逻辑模块和数据存储模块。网络通信模块负责处理和协调所有客户端的通信及服务器内部间的通信,一般采用 TCP/IP 网络通信协议或者 UDP 网络通信协议。在网络游戏的客户端和服务器端进行交互的双向 I/O 模型中主要有 Select 模型、事件驱动模型、消息驱动模型、重叠模型、完成端口重叠模式等。游戏逻辑模块是网络游戏服务器程序的核心模块,它负责游戏中的所有游戏事务的处理,诸如角色战斗系统、物品和技能系统、地图系统、脚本系统和聊天系统等,其具体的程序实现涉及多线程技术、消息处理机制、数据缓冲、脚本程序设计等多种网络游戏开发技术。数据存储模块负责玩家资料及角色相关资料的服务器端存储和读取,可采用硬盘文件存储或者数据库存储的方式,数据库存储实现起来相对方便些,但要借助第三方的数据库软件,如 SQL Servet 等。

2. 线程池处理技术

游戏服务器端要处理大量的用户请求,同时要发送大量的游戏数据到客户端,从而驱动客户端程序的执行和维持游戏的进行。在不同时间片中处理的数据是不同的,这些都是用线程池技术来执行的。线程是一个为了进行某一项任务或者处理某一项具体事物的函数。线程池处理就是对众多的线程进行管理。

3. 内存池处理技术

服务器要频繁地响应客户端的消息同时要发消息到客户端,并且要处理服务器后台游戏语言的运行。这就需要大量的使用内存,要进行大量的内存操作(申请和销毁)。在服务器启动过程中就要为自己申请一块比较大的内存块,在服务器运行中就可以在已申请好的内存块中去取,在使用完后进行回收。

4. 网格技术

应用网格技术解决游戏资源,目的就是为了解决在用户的分布式环境中,整合利用异构的资源。例如,一个数字游戏平台可能拥有各种各样的服务器甚至是大型机,包括了Windows、Unix、Linux等各种系统,而这些服务器可能分布在不同的地方,这时候就可以利用网格进行资源整合利用,要把这些服务器整合为一个统一的资源,而不是分散的系统。主要是帮助网络游戏运营商实现动态的负载均衡。通过网格技术可以在游戏运行中自动移动在线玩家,特别是在有多个游戏同时运行的时候。

思考与练习

1. 么是数字游戏? 列举你所熟悉和了解的数字游戏种类。

2. 试分析数字游戏的技术构成,并加以简要说明。

3. 试从目前主流的索尼、微软和任天堂公司的视频游戏产品,分析视频游戏硬件的发展趋势。

4. 试列举目前主流的手机游戏平台,并简述之。

5. 什么是游戏引擎? 简述游戏引擎的主要功能。试分析游戏引擎的基本架构,并简要说明各子系统的作用或功能,指出游戏引擎技术的主要发展方向。

6. 什么是网络游戏? 主要包括哪些方面的关键技术?

7. 简述多人在线游戏服务器的基本框架,并指出游戏服务器所采用的相关技术。

8. 什么是网格技术? 试分析网格技术对数字游戏的影响。

参 考 文 献

[1] 贺雪晨. 数字媒体理技术[M]. 北京:清华大学出版社,2011.

[2] 张文俊. 数字媒体技术基础[M]. 上海:上海大学出版社,2007.

[3] 杰森·泽林提斯. 用户至上的数字媒体设计[M]. 北京:中国青年出版社,2014.

[4] 韩纪庆. 音频信息处理技术[M]. 北京:清华大学出版社,2007.

[5] Pohlmann K C. 数字音频技术[M]. 夏田,译. 北京:人民邮电出版社,2013.

[6] 赫恩·巴克. 计算机图形学[M]. 蔡士杰,宋继强,蔡敏,译. 西安:电子工业出版社,2010.

[7] Mike Bailey,Steve Cunningham. 图形着色器:理论与实践[M]. 刘鹏,译. 北京:清华大学出版社,2013.

[8] 李文锋. 图形图像处理与应用[M]. 北京:中国标准出版社,2006.

[9] 冈萨雷斯·伍兹. 数字图像处理[M]. 西安:人民邮电出版社,2010.

[10] Matt Smith,Chico Queiroz. 游戏开发与设计丛书:Unity 开发实战[M]. 北京. 机械工业出版社,2014.

[11] 王毅敏. 计算机动画制作与技术[M]. 北京:清华大学出版社,2010.

[12] 吴湛微. 计算机动画基础[M]. 上海:上海交通大学出版社,2008.

[13] 李停战,周炜. 数字影视剪辑艺术与实践[M]. 北京:中国广播电视出版社,2006

[14] James F. Kurose,keith W. Ross. 计算机网络-自顶向下方法[M]. 北京:机械工业出版社,2011.

[15] Ernrest Adams,Joris Dormans. 游戏机制:高级游戏设计技术[M]. 北京:人民邮电出版社,2014.

[16] Jason Gregory. 游戏引擎架构[M]. 叶劲锋,译. 西安:电子工业出版社,2014.